齐口裂腹鱼产卵场微生境修复

刘明洋　著

东北大学出版社
·沈　阳·

图书在版编目（CIP）数据

齐口裂腹鱼产卵场微生境修复 / 刘明洋著. -- 沈阳：

东北大学出版社, 2025. 1. -- ISBN 978-7-5517-3557-5

Ⅰ. S965.199

中国国家版本馆CIP数据核字第20242H50F2号

出 版 者：东北大学出版社
　　　　　地址：沈阳市和平区文化路三号巷 11 号
　　　　　邮编：110819
　　　　　电话：024-83683655（总编室）
　　　　　　　　024-83687331（营销部）
　　　　　网址：http://press.neu.edu.cn
印 刷 者：辽宁一诺广告印务有限公司
发 行 者：东北大学出版社
幅面尺寸：170 mm × 240 mm
印　　张：13.5
字　　数：270 千字
出版时间：2025 年 1 月第 1 版
印刷时间：2025 年 1 月第 1 次印刷
策划编辑：曲　直
责任编辑：高艳君
责任校对：白松艳
封面设计：潘正一
责任出版：初　茗

ISBN 978-7-5517-3557-5　　　　　　　　定　价：79.00 元

内容简介

本书从齐口裂腹鱼产卵场微生境修复角度进行研究。创新之处主要体现在以下几个方面。

（1）提出了满足齐口裂腹鱼生存下泄生态基流量的方法。针对修复河段的齐口裂腹鱼对河流水力参数的需求，从齐口裂腹鱼的体态特征出发，利用修正 R2-Cross 法对水力参数标准进行修正，最终确定姜射坝水电站下游修复河段齐口裂腹鱼繁殖期间的生态需水量，为修复河段的数值模拟提供可靠的流量条件。

（2）建立了产卵场微生境适宜面积、微生境相似度与丁坝布置的响应关系。通过对概化河道修建单双丁坝后水力生境的数值模拟，研究不同流量工况下阻水率作用域，分析产卵场微生境适宜面积和微生境相似度分别与丁坝阻水率、丁坝间距（双丁坝）、流速、水深等参数的响应关系，从而为丁坝群在齐口裂腹鱼产卵场的水力生境修复中的布置找到了理论依据。

（3）提出了修复齐口裂腹鱼产卵场丁坝间距的布置方法。为了在最佳经济条件下达到最优的修复效果，必须对丁坝间距进行合理布置，才能充分发挥丁坝水力学效应。本书通过不同流量下不同丁坝阻水率工况的研究，并结合齐口裂腹鱼产卵期的适宜曲线，得出了齐口裂腹鱼产卵场丁坝布置的最佳间距函数。使丁坝间距研究成果可为修复齐口裂腹鱼产卵场提供理论依据，为其他类似鱼类栖息地水力生境修复提供借鉴。

（4）建立了丁坝微生境评估经验模型。对比与分析概化河道修复前后的齐口裂腹鱼产卵场微生境适宜面积（suitable areas of the microhabitat，SAM）值，并从中揭示规律，即建立一个 SAM 与丁坝长度、河道宽度、流速、水深、丁坝间距，以及流量相关的模型，用以估算丁坝修复后微生境适宜面积。通过研究丁坝对齐口裂腹鱼产卵场水力微生境的影响，利用 Vague 集对修复后的产卵场水深、流速、流速梯度、涡量等指标与天然产卵场相应指标进行计算，从而建立一个产卵场微生境相似度（SIM）与丁坝长度、河道宽度、流速、水深、丁坝间距以及流量相关的模型估算丁坝修复后微生境相似度。与此同时，构建了 SAM 及 SIM 修复度评估标准。为了验证评估模型的正确性，将此模型应用于姜射坝水电站下游修复河段，对比修建丁坝前后的产卵场微生境适宜面积及相似度，然后修正所建的评估模型，使研究成果为类似鱼类产卵场的水力生境修复提供参考。

序 言

岷江上游水力资源十分丰富，随着西部大开发的进行，从两河口至都江堰已建成八级引水式电站。岷江流域引水式电站梯级开发，给闸后减水河段水生生态造成严重影响。尤其是在枯水季节，坝下仅有小股溪流，有的则完全干涸，使坝下河流水动力条件发生巨大变化。急流生境的消失直接影响鱼类产卵场的数量及质量，从而对鱼类的繁殖与生长造成不利影响。随着人们的生态意识不断增强，生态保育及生态工程等问题逐渐被重视，减水河段的生态修复被提上日程，而珍稀鱼类产卵场的水力生境修复则被视为河川修复的重中之重。岷江是长江上游的一级支流，开展岷江上游鱼类产卵场修复工作的意义非常深远。

齐口裂腹鱼为西南山区河流中较具代表性的优势鱼种，是四川省省级保护动物，也是长江上游特有的重要冷水性经济鱼类。本书以齐口裂腹鱼为研究对象，对岷江上游天然产卵场断面进行统计分析后建立一条概化河道，以丁坝为手段，通过对概化河道中丁坝水力生境影响规律的研究，得出一套丁坝修复齐口裂腹鱼产卵场的评估模型。本研究成果可为修复齐口裂腹鱼产卵场、保护水生生物多样性提供理论依据，为其他类似鱼类栖息地水力特性修复提供借鉴，也可为工程技术人员提供参考，达到开发与保护双赢的局面。

本书主要研究内容如下。

（1）本书对丁坝的流场、水位、流态区域划分、作用域以及影响回流区的相关因素进行了归纳与总结。通过研究丁坝附近水流的紊动特性，分析其流场特点及紊动动能分布，得出其紊动特性规律，可进一步加深对丁坝水流机理的认识，为修复齐口裂腹鱼产卵场的水力生境提供理论基础。

（2）确定河流生态系统必需的最小水量，是修复齐口裂腹鱼产卵场的关键之一。在充分比较各种生态需水量计算方法的优劣后，找出最适合岷江上游修复河段的最小生态流量计算方法——修正R2-Cross法。此方法根据齐口裂腹鱼对河流水力的参数需求，在充分考虑其体态特征的情况下，对水力参数标准进行修正，然后计算，为引水式电站下游修复河段提供可靠的流量条件。

（3）为了达到预期修复目的，在单一丁坝不能满足需求时，需要修建多个丁坝，而丁坝间距的选择涉及工程的修复效果与经济性。为了在最佳经济条件下达到最优的修复效果，必须对丁坝间距进行合理布置才能充分发挥丁坝的水力学效用。本书通过不同流量下不同阻水率（阻水率=丁坝有效长度/修建丁坝后含丁坝的河面宽度）工况的研究，并结合齐口裂腹鱼产卵的适宜曲线，得出齐口裂腹鱼产卵场丁坝布置的最佳坝间距。使丁坝间距研究成果可为修复齐口裂腹鱼产卵场提供理论依据，为其他类似鱼类栖息地水力生境修复提供借鉴。

（4）利用二维水深平均水动力学模型，对概化河道中齐口裂腹鱼产卵场丁坝修复河段的水力生境进行模拟，并分析丁坝及其周围流场的特征。在分析齐口裂腹鱼产卵场水力特征之后，根据单、双丁坝数值模拟结果，并结合前人相关研究，厘清丁坝的作用域。在此基础上，统计齐口裂腹鱼产卵场微生境适宜面积与丁坝的阻水率、流速和流量等相关参数，用以估算丁坝对齐口裂腹鱼产卵场微生境适宜面积的修复效果。

（5）河道中修建丁坝后，丁坝对水流有明显的扰动影响，从而使丁坝附近的流态非常复杂。局部水域产生漩涡和分离，坝区呈现出许多复杂的水流现象，如分离流、旋转流以及自由表面变化等。通过对概化河道中丁坝修复河段的水深、流速、涡量等齐口裂腹鱼产卵场微生境进行模拟，研究丁坝对齐口裂腹鱼产卵场微生境相似度的影响规律，再利用改进的Vague集评估丁坝对齐口裂腹鱼产卵场微生境相似度的修复效果。

（6）通过对概化河道数值模拟建立齐口裂腹鱼产卵场微生境适宜面积、相似度分别与丁坝长度、河宽、丁坝间距、流速、水深和流量相关的模型，并利用岷江姜射坝水电站下游修复河段的数值模拟结果进行对比验证及修正。

目　录

符号表

U	论域
t_A	真隶属函数
f_A	假隶属函数
$t_A(x_i)$	由支持x的证据所导出的肯定隶属度的下界
$f_A(x_i)$	由反对x的证据所导出的否定隶属度的下界
$m(x, y)$	Vague值x与y之间的相似度量
t	真隶属度
f	假隶属度
π	犹豫度
$\wedge$	取小运算
$\vee$	取大运算
$M(A, B)$	Vague集A和B相似度
S_{SIM}	生境相似度
Fr	弗劳德数
L	丁坝的坝长（m）
B	河宽（m）
H	水深
Q	入口处流量
$\bar{H}$	水流平均深度
$\bar{U}$	x方向平均速度
$\bar{V}$	y方向平均速度
q_x	x方向单位宽度的流量
q_y	y方向单位宽度的流量
g	重力加速度
ρ	水流的密度
S_{Ox}	x方向河床坡度
S_{Oy}	y方向河床坡度
S_{fx}	x方向摩擦阻力

S_{fy}	y方向摩擦阻力
τ_{xx}	相应的水平剪切应力
K_s	有效粗糙高度
v_t	涡黏系数
Δt	时间步长
n	丁坝个数
SAM	产卵场微生境适宜面积
SIM	产卵场微生境相似度
R	SAM增减率
T	SIM增减率

注：本表包括各章主要符号及其意义，部分局部使用符号在出现时予以说明。

第一章 绪 论

第一节 研究背景

近年来，人们逐渐开始总结与反思水利工程的功过得失。普遍认为，应该对河流生态系统停止过多的人为干扰，以减轻其负荷压力，并对各种胁迫因素给予相应的补偿，使遭到破坏的河流生态系统逐步修复或使其向良性循环方向发展。在这样的背景下，出现了河流修复的概念以及相应的工程技术。美国土木工程师协会对河流修复作了如下定义：河流生态修复是指通过适度人工干预，积极创造条件，使已经受损的河流生态系统修复到较为自然状态的过程，在此状态下使河流生态系统具有可持续性，且可提高生态系统价值和生物多样性。人类社会的可持续发展问题归根结底是生态系统的可持续发展。河流生态系统作为重要的生态系统类型，是地球生物圈物质、信息、能量循环的主要通道之一。岷江是长江上游的一级支流，开展岷江上游河流生态修复工作，意义非常深远。

齐口裂腹鱼（*Schizothorax prenanti*）是我国特有的重要冷水性经济鱼类，隶属鲤科（Cyprinidae）、裂腹鱼亚科（Schizothoracinae）裂腹鱼，属于底栖鱼类（图1-1），喜生活于山区河湾急流处，主要分布于我国长江上游的金沙江、岷江、大渡河等西南山区河流中。水电开发改变了天然的水文过程，致使鱼类水力生境改变，造成鱼类的产卵场锐减甚至消失。四川大学生态环境所研究人员多次赴现场进行实地踏勘，在广泛收集调查研究河段水文、水质、河流地貌等资料的基础上，结合水利部中国科学院水工程生态研究所对研究河段鱼类资源的调查结果，将岷江上游两河口至茂县天然河段确定为参照河段，姜射坝下游部分河段确定为修复河段，并确定研究河段生态修复的重点是齐口裂腹鱼的产卵场水力微生境修复。

目前，国内外针对齐口裂腹鱼产卵场修复的研究甚少，一些学者主要采用河道开挖的方式修复产卵场。修建丁坝作为鱼类产卵场的水力生境修复措施

1

图1-1　齐口裂腹鱼

之一，越来越引起人们的关注。丁坝或丁坝群修建后，附近的局部流态发生变化，会产生如分离流、旋转流、曲线剪切层、高紊动强度等水流现象，从而营造出新的产卵场或者修复受损产卵场。因此，本书先通过在概化河道中设置丁坝，研究单个丁坝以及双丁坝对概化河道水力生境影响的规律，从而得到关于齐口裂腹鱼微生境修复评估模型。然后，将评估模型应用到姜射坝的下游河段中，对齐口裂腹鱼产卵场水力生境进行修复，以此验证修复效果。同时，对此评估模型进行修正，使其为类似工程条件的河段产卵场修复提供借鉴。

第二节　研究意义

近年引水式电站建设过多，给水生生态造成严重影响，急流生境消失，原生水生环境遭到破坏，生境破碎化严重。随着自然环境保护受到高度重视，水利水电工程师在设计河川水利工程时，已逐渐将自然生态工程与相关法治观念引入。但生态界学者仅将河川鱼类栖息地环境调查结果列于相关文献中，并未作相关量化性的分析研究，使之缺乏定量性的应用方式；而工程界人员对河川生态的了解与认知并非如此透彻，这就造成工程界设计水利工程设施时并无生态量化的资料可咨询与应用。对此，若能将河川生物的可量化应用资料提供给工程人员参考应用，则将使工程设计符合河川生物所需生存空间，达到开发与利用双赢的局面。

在河道修复过程中，鱼类产卵场的水力生境修复是重中之重。齐口裂腹鱼为西南山区河流中较具代表性的优势鱼种，是四川省省级保护动物，也是长江上游特有鱼类。以齐口裂腹鱼为研究对象，在调查天然产卵场与人工产卵场的基础上，采用数值模拟方法对产卵场水力特性进行模拟分析，对齐口裂腹鱼产卵场水力生境进行研究。将相应的指标进行细化与量化，以便其成果可为修复齐口裂腹鱼产卵场提供理论依据，同时为河流水电开发中协调生态用水与发电用水提供参考。

目前，对河流生态环境修复的研究历史在国外已有100多年，且已取得显著成果；而河流生态修复标准、修复方法也在发展中不断更新。近10多年来，为了更好地指导河流生态环境修复工作，丁坝对河流减水河段水力生境重塑研究也越来越受到广泛关注。为改善鱼类产卵场的水力生境，可在河流中布置的水工建筑物包括块石群、折流板、丁坝、倒木等；但丁坝与其他修复方式相比，具有独特优势——抗冲刷侵蚀能力强、保护河岸、束窄河道、增加流速、塑造微生境、局部改变河流流动形态等，这是其他生态修复措施所不及的。

国内河流生态环境修复在广大研究人员的共同努力下取得了丰硕的成果，但关于齐口裂腹鱼产卵场微生境修复还没有切实可行的理论依据。本书在前人研究工作的基础上，从水力学的角度出发，以西南山区河流中具有代表性的齐口裂腹鱼为例，对其产卵场水力生境进行较为全面的研究。采用丁坝对鱼类产卵场水力微生境进行修复，从而为类似工程条件的河段产卵场修复提供借鉴。因此，本研究具有一定的学术价值和应用价值。

第三节　国内外研究进展

一、鱼类栖息地研究

鱼类栖息地水力学条件是生态水力学研究的重要组成部分。由于栖息地是生物赖以生存、繁衍的空间与环境，可为生物和生物群落提供生命周期内各个阶段生存所需的能量、食物以及适合生存的条件，因而，对鱼类生存与繁衍起着关键作用的水力生境不可避免地成为生态修复关注焦点。

（一）国外鱼类栖息地研究

随着水利工程对鱼类资源影响的日益突出，对鱼类栖息地的相关研究也逐渐受到重视。国外对鱼类栖息地的研究主要体现在以下几个方面。

1. 栖息地现状调查

1985年，Moyle和Vondracek两位生态学家通过观察各种不同鱼类的生存环境，发现不同的环境变量会直接或间接地影响鱼类在栖息地活动的偏好。

1990年，Barmuta对河道内的流速、卵石底质进行了一系列调查，经研究分析后，认为流速对鱼类来说是影响最大的环境变量。

1995年，Sempeski等对河鳟（*Salmonidae*）在法国境内的两处产卵场（Pollon river和Suran river）进行研究，无意中发现两处产卵场的流速异常接近，这说明河鳟对产卵场的流速是有所选择的。

1999年，一些学者开始对栖息地微观（micro-habitat）尺度的理论进行研究。Kemp等对微观尺度栖息地进行了细化，从水力学与生态学角度出发，分别提出了水力栖息地（flow biotopes）与功能性栖息地（functional habitats）的基本概念；Bond等基于鱼类功能群的组成情况对南加利福尼亚湾的鱼类栖息地进行研究，发现鱼类功能群复杂程度直接决定着栖息地利用率的高低与价值的大小。

2004年，Moir等对苏格兰上游的两条溪流进行研究，以大西洋鲑鱼（*Salmo salar*）为研究对象，观察该物种在产卵时对栖息地与水文条件的偏好；发现鱼类对于栖息地的选择除了居住方面的需求，栖息地的环境因子在鱼类产卵时期也是影响其生态的重要因素。

2. 栖息地分类及形成分析

1964年，Leopold等以弗劳德数（Fr）与宽深比（W/H）将栖息地分成四类，分别为深潭、缓流、湍流、急流，见表1-1。

表1-1　河道栖息地分类表

形态	深潭	缓流	湍流	急流
弗劳德数	$Fr<0.095$	$0.095 \leq Fr \leq 0.255$	$0.255 < Fr \leq 1$	$Fr>1$，无上限
相关限制	水面坡度不等于0，且$W/H<15$	$15 \leq W/H \leq 30$	$W/H>15$	不受限制无上限

1993年，Jowett将河川中的栖息地形态以观察法做初步辨识，再将其河道的各物理特性做分析，并且经由各物理环境因子的结合，找到最适合给栖息地分类的物理特性组合，作为未来分类的参考数据。而研究结果显示，栖息地的形态与弗劳德数（Fr）以及流速水深比值（V/H）最为相关，若将弗劳德数或流速水深比值搭配上坡度作为栖息地分类标准，会达到较佳的分类效果；若单以弗劳德数作为分类标准，此三种栖息地环境的弗劳德数范围分别为：深潭，$Fr<0.18$；深流，$0.18 \leq Fr \leq 0.41$；浅流，$Fr>0.41$，见表1-2。

1995年，Orth以水深、流速为分界的二维图表分类（如深潭、浅滩、急流），将中型栖息地分为6类，衡量不同流量对栖息地的影响，跳出以往单一

表1-2　河道栖息地分类表

形态	深潭	深流	浅流
弗劳德数	$Fr<0.18$	$0.18\leqslant Fr\leqslant0.41$	$Fr>0.41$

数值量化的分类形式，以图示法解释各栖息地形态所代表的范围。

2002年，Rabeni等将美国密苏里州的The Jacks Fork River从上游至下游的栖息地类型分为11类，以底床坡度、水深、流速、底质粒径及描述性解释为分类依据，研究河道栖息地类型与底栖型无脊椎动物的关系，进一步解释该河道生态架构。结果显示，偏好岸边缓流、高梯度浅滩、急流这三个栖息地的物种，族群变化性并不大，有相当程度的栖息地偏好特性。

2006年，Suen和Herricks通过回顾鱼类生态文献、相关研究报告、硕博论文、期刊及网络文献等方式，整合鱼种在生物性、非生物性（或物理环境）的环境需求或偏好，包含生物性、水文、地文及水质等生态环境因子，以信息统整的架构建立了鱼类个体生态矩阵。

2008年，Schwartz和Herricks根据溪流河道尺度的范围将栖息地分为9个中型栖息地类型（深潭前缘、深潭中段、深潭后段、侧掏潭、单一型湍滩、复合型湍滩、浅流、水下沙洲临流、岸边缓流），并且测量栖息地的物理特性（包含栖息地的长度、宽度、平均水深、最大水深、底床坡度以及调查各栖息地的鱼类数据），搜集鱼群密度、生物量、成鱼与幼鱼的物种丰富度和生物多样性等信息。

3. 栖息地水力生境的数值模拟及评估

1997年，Alfredsen等在Stjoerdal River的Oeyvollen Reach进行栖息地模拟，对河川内水流量化比较了RSS Habitat system、AQUADYN模式和SSIIM模式三种模式水深及流速分布的不同。其中，RSS Habitat system以HEC-2一维模式结合实测数据，解算流速和水深并经内插步骤得到流速和水深的空间分布，再评估适宜的栖息地分布。AQUADYN模式是二维的平均水深有限元素法模式，SSIIM模式是二维的平均水深Finite volume模式。AQUADYN模式及SSIIM模式都由Shallow Water Equation计算水深和流速。Jowett在栖息地评估法中主张按照指标物种对栖息地条件的喜好程度来估算适合指标物种的可使用栖息地面积。

1998年，Stokseth以挪威中部Sokna River为样区，通过三维数值模式计算流速分布和沉淀浓度，称为深潭栖息地模式。研究包括调查测验五场洪水前后深潭内生物承载量的时空分布，其目的是厘清"干扰-抵抗"过程中的不同变因，寻求控制深潭生物承载量的物理因子，而深潭生物承载量和其他水生植物生物承载量在洪水期间是维持这条河川的生态特性的重要机制。

2000年，Sagnes和Statzner在《评估鱼体水力学与激流栖息地应用关联的研究》一文中指出"instream flow incremental methodology"以局部角度预测生活于激流中鱼类的密度。然而，这种模式不能被应用到未知鱼类种类的栖息地。基本上，鱼类溯流的能力依赖水流曳引力及鱼类被动水力势能，例如其曳引系数。

2005年，Jennifer利用栖息地质量较为常规的主成分分析（principal component analysis，PCA）方法评估美国密歇根州的河流，发现物理栖息地环境因子对鱼类的族群数与多样性有显著的影响，而生物群落对栖息地也有特别的敏感性与偏好。

2013年，Komyakova等调查大堡礁蜥蜴岛的潟湖栖息地特征与当地鱼类多样性、丰度和群落结构之间的关系。鱼类物种丰富度和总丰度密切相关，与珊瑚物种的丰富度和覆盖率有关，但与地形复杂性的关系较弱。回归树分析结果表明：珊瑚物种丰富度占鱼类物种丰富度变化的大部分（约63.6%），而硬珊瑚覆盖解释了鱼类总丰度的变化（17.4%）比任何其他变量都多，相反，地形复杂性对礁鱼组合的空间变化影响很小。分析降解珊瑚礁环境、珊瑚覆盖丧失和地形复杂性的潜在影响，研究结果表明：珊瑚生物多样性的减少，最终可能对珊瑚礁相关的鱼类群落产生同等或更大的影响。

2015年，Tamminga等评估了无人驾驶飞行器（UAV）的能力，以调查加拿大阿尔伯塔省埃尔博河1公里河段的河道形态和水力栖息地，发现基于无人驾驶飞行器监测河段的河道形态和水力栖息地有几个优点：低成本、高效率、操作灵活、高垂直精度和厘米级分辨率，并认为无人驾驶飞行器的优势使其非常适合河流鱼类栖息地特征研究和管理。

2016年，Christina等采用一种结合单变量栖息地适宜性曲线和水力建模技术的鱼类栖息地模拟方法，利用西巴尔干鳟鱼这一前哨物种评估气候变化对水生生物群和水文状况之间关系的影响。气候变化情景最突出的影响是可能发生流量严重减少，尤其是在夏季流量期间，这会改变自然低流量的持续时间和幅度。加权可用面积流量曲线表明本地鳟鱼适宜栖息地的局限性。

2017年，Missaghi等应用三维湖泊水质模型研究了两种未来气候变化情景下当地气象条件对鱼类栖息地的影响，结果发现：溶解氧浓度和水温是研究鱼类栖息地时间和空间变化的关键水质参数；与历史正常气候情景相比，冷水鱼生长良好、生长受限和致死栖息地面积变化高达湖泊总体面积的14%；在致死环境条件下，预测潜在鱼类栖息地的空间位置和时间段对于在气候变化下管理鱼类栖息地越来越重要。

2017年，Chambers等使用SWAT(soil and water assessment tool，土壤和水评估工具)，并考虑水文气候模型输入和空气温度两种水文情况评估了美国罗得岛州流域。Chambers等对气候的研究结果表明：在新的一个世纪里，内陆河流的温度和平均流量将增加，从而使由冷水栖息地维持的水生物种面临风险。

2018年，Robert等在加利福尼亚州的一条溪流中观察到幼年钢头鳟优先选择大型植物栖息地的比例平均是其他五种栖息地的三倍。为了了解大型植物的潜在饲养效益，Robert等进行了一项试验，以确定大型植物如何影响无脊椎动物利用水流速度猎取食物。结果表明：水生大型植物是溪流栖息地一个重要的特征，在生物能量方面可能比更传统的水生栖息地更有利于饲养鲑鱼；与其他栖息地类型相比，大型植物有可能提高幼年鲑鱼的生长速度。

2019年，Stefan等使用物理栖息地模拟方法进行内流量评估，将流量与常驻虹鳟的物理栖息地的可用性联系起来，根据响应的时间模式，假设晚夏径流的延迟、减少，代表了融雪时间的提前，以及至少部分恢复了再生森林的蒸腾和截留损失的综合影响。研究结果表明：这些溪流流量的减少与模拟鱼类栖息地可用性的持续下降相对应；在夏季低流量期间，其中一个流域的栖息地可用性通常为20%～50%，这表明森林采伐可能会对源头溪流中的鲑鱼养殖产生重大延迟影响。

2020年，Saleh等对复杂鱼类栖息地进行可视化分析，收集点级别和分割标签以获得更全面的鱼类分析基准。这些标签使模型能够学会自动监测鱼类数量、识别它们的位置和估计它们的大小。试验提供对数据集特征的深入分析，并基于基准对几种最先进的方法进行了性能评估。

2022年，Obazal等于2018—2020年调查了卡特琳娜岛和南加州湾大陆海岸沿线的15个Z.莫雷娜和Z.帕奇菲卡海床的面积覆盖率、结构成分和鱼类组合，然后创建鱼类利用的相对化指数；并在模型选择过程中使用该指数作为响应变量，评估可能推动Z码头鱼类利用的景观和结构成分。研究结果表明：Z.莫雷娜是一个苗圃栖息地，而Z.帕奇菲卡则被中层捕食者用来觅食。

2023年，Tellier等认为过度营养负荷和气候变化加剧了全球水生缺氧的发生和严重程度。缺氧可能影响水生生物的机制多样性，缺氧的影响可能与其他环境条件（如温度）协同发生。如果没有标准的缺氧条件指数方法，很难评估管理实践中是否会改善水质和栖息地。Tellier等开发了一个新的框架，应用于鱼类栖息地质量建模，来评估大湖生态系统缺氧的严重程度。

国外相关研究栖息地文献表明：相当多的鱼类基本上都有一定的趋流特

性。因而，流速在栖息地水力学特征研究中关注度也就比较高。生态学者对物理学、流体力学结合鱼类生态有较多的研究，同时对图形展现颇为重视。

（二）国内鱼类栖息地研究

国内在河川鱼类栖息地研究方面，大陆学者起步较晚，而台湾学者研究较早。其研究成果主要集中在以下几个方面。

1. 栖息地调查及试验研究

1992年，汪静明在调查台湾相关河流鱼类栖息地基础之上，提出了河川生物多样性的控制因子，如海拔高度、河川等级、流量大小、水质优劣、河床坡度、河床基质、人为因素等。次年，他提出河川生态系统的概念，认为其由该河川的水域范围及其周遭的陆域范围中所包含的多样生物及非生物环境共同组成，如河川生物赖以生存的阳光、空气、水体、岩土等物理环境，以及构成生命组织的必要元素（如钙、镁）和化合物（如氨基酸）等化学环境。

1996年，陈义雄等调查台湾河川湖泊鱼类栖息地，指出台湾河川上游地区（一般指人迹罕至的高山区段溪流）原本林木茂密、云雾缭绕，水流在旱季时虽少，但因河床中有许多大石头形成的水塘、石隙等，能终年为许多鱼类提供生息空间，形成高山区特有的鱼类群聚。

2008年，顾孝连等对长江口中华鲟幼鱼对底质的选择进行了野外调查研究，认为我国在鱼类栖息地研究方面内容较少，存在诸多不足。

2009年，陈永柏等对四大家鱼产卵与水温、涨水过程的关系进行较为全面的阐述，并对四大家鱼产卵场的分布和水动力特性进行了简要描述，为四大家鱼产卵的水库生态调度和四大家鱼产卵场修复提供了一定的技术支持。

2010年，王远坤和夏自强利用声学多普勒流速仪对葛洲坝水电站下游中华鲟产卵场进行了现场流速观测，并对现场调查数据进行了统计分析；研究认为垂向流速变化范围大小反映水流在垂向掺混的剧烈程度，垂向水流紊动较大或较小不利于中华鲟自然繁殖，产卵区内垂向流速变化中等能保护受精卵，同时提高受精率。王玉蓉和谭燕平通过对水面宽、水深、流速等栖息地评估因子的数据进行统计分析，研究裂腹鱼分布河流的水力学特性，揭示裂腹鱼生境的一些水力学特性。

2. 栖息地分类及形成分析

1994年，张明雄等对台湾河川研究，发现鱼类栖息地的特点：河道由宽变窄，流速由缓变急，深度变化加大；河槽形态由深潭、急滩、缓流与浅滩等多样化的栖息地变为单槽渠流；底质从由巨石、卵石、砾石与细沙共同组成变为以细小砂石为主。

1998年，叶昭宪以樱花钩吻鲑适合环境为目的研究七家湾溪河床栖息地的改善对策。曾晴贤指出台湾淡水河川环境正逐渐恶化，改变河川环境的因素大致可以分为物理性、化学性和生物性三大类。

3. 栖息地水力生境的数值模拟及评估

1998年，吴富春等以浊水溪中游段为样区进行河川栖息地水理计算敏感度分析，进而估计以埔里中华爬岩鳅为指标生物的栖息地面积，根据水理模式计算所得各种流量的断面流速与水深分布，再透过栖息地模式中水生生物的栖息地适合度曲线（habitat suitability curve，HSC），找出横断面各分区流速及水深所对应的栖息地适合度指数（habitat suitability index，HSI），可求得研究河段的权重可使用栖息地面积（weighted usable area，WUA），某一鱼种的WUA愈高，该鱼种适合生存的栖息地便愈多。

2000年，汪静明以栗栖溪为例，研究河川生态基流量与鱼类生态关系，并分析鱼类栖息地特性；再以六种水利工程法，设置并应用于分析鱼类生态的影响结果。

2007年，杨宇等对河流鱼类栖息地评估方面进行了大量前期基础性研究，其主要贡献是将鱼类栖息地水力学变量划分为四类特征量——无量纲量、复杂流态特征量、水流特征量以及河道特征量，同时对相关特征量获得方法、使用范围与适宜性进行较为详细的论述。夏霆等在前人相关研究基础上，利用可拓学物元概念建立了栖息地质量评价指标体系，此指标体系可用于城市河流健康修复实践。英晓明等基于模糊综合评判方法对水生生物栖息地适宜性的相关指标进行了研究，其研究成果为使用河道内流量增加法（instream flow incremental methodology，IFIM）对栖息地进行评估提供了必要的前期条件。李翀等采用MIKE11商业软件，推求出长江上游重庆至云阳四大家鱼产卵场的位置，因而认为MIKE11软件中的一维动力学模型对研究四大家鱼产卵与水流、流态等物理因素的关系有较大帮助。

2008年，张辉等采用R型聚类方法分析，认为流速梯度指标不仅反映了流速的变化，在某种程度上也反映了河床的地形特征。余国安等采用水生底栖动物单位面积生物密度、物种丰度以及生物群落多样性指数对吊嘎河上所布设的人工阶梯——深潭系统进行野外试验河段的栖息地质量进行了评价。易雨君等建立了中华鲟栖息地适合度模型，并利用该模型对影响长江中华鲟生存、繁殖的主要生态因素进行了探讨。

2009年，刘稳等以鲫鱼为研究对象，将其放入流速渐变环形水槽的不同水动力分区中进行试验，结合水流数值模拟，研究结果表明：鲫鱼对流速有一定的喜好范围，并认为采用动能梯度能很好地衡量鱼类在流速区间位置移动能量耗费情况，鲫鱼的体重增长率随着动能梯度增大而下降，两者呈现负相关。

2010年，李建等采用数值模拟的方法对长江中游四大家鱼产卵河段的形态特征、能量坡降、水流流态、动能梯度、能量损失和弗劳德数等水流特性进行了量化分析。王东胜等对黄河海勃湾河段的黄河鲤、兰州鲇繁殖期的流速、水深及水位波动特征进行了计算和分析。

2011年，谭燕平等针对引水式电站的修建将造成坝下河道减水、危害减水河段内水生生物生存的问题，采用单变量方法，在前人研究的基础上结合特征河段自然生境水力学特点，分析得出目标物种对水深及流速适宜性曲线。

2012年，吴瑞贤等基于一维水理模式（HEC-RAS）和河川栖息地二维模式（River 2D），结合近年台湾地区丁坝设置的相关文献，探讨丁坝对鱼群栖息地的影响范围及丁坝建置要素，如坝高、坝长（阻水率）、流量、河道平均坡降。陈明千以齐口裂腹鱼为研究对象，在实测岷江上游天然产卵场水下地形的基础上，对齐口裂腹鱼产卵场水力特性进行数值模拟，结合齐口裂腹鱼产卵习性及鱼卵类型，提出了齐口裂腹鱼产卵场水力生境指标体系，但并未提出垂直涡量的作用域。

2013年，李建等选择三峡水利枢纽工程（又称三峡工程）宜昌站作为研究对象，并以中华鲟和四大家鱼为典型代表物种，研究三峡工程初期蓄水对下游生态系统的影响。结果表明：三峡工程蓄水运行后，非汛期的水温以及汛期的流量、水位和含沙量月径流过程明显改变；下游生态水文条件的改变，导致中华鲟卵孵化适宜度和四大家鱼产卵适宜度明显降低；栖息地内生态水文条件的变化是影响中华鲟卵孵化和四大家鱼产卵行为的主要因素，而非关键因素。

2014年，王莹在收集整理历史资料的基础上结合现场调查结果，对澜沧江干流中下游、罗梭江保护区鱼类物种相似性、水文条件相似性进行分析，研究结果发现：两河段相同鱼类物种为62种，相似性指数为67.39%，特有物种相似性指数为66.67%；两河段水文情势年际变化、年内变化及汛期涨水情况都较为一致；产卵河段的水力学特征对其他同资源类群的澜沧江特有鱼类实施支流栖息地保护提供资料和技术支撑。

2015年，李向阳和郭胜娟研究认为航道整治改变了河道形态、水文条件、河床基质，提出应深入研究航道整治对河流鱼类栖息地影响的评估方法，提高生态修复措施的有效性，以保护河流水生生物多样性。

2016年，傅菁菁等采用基于河道内流量增加法（IFIM）原理的栖息地模拟方法，使用 River 2D 二维水动力学及栖息地模拟软件，以黑水河干流苏家湾水电站坝址至公德房水电站坝址河段为例，进行水动力模拟和鱼类栖息地适宜性模拟。结果显示：公德房库区河段水域面积较大，大部分河段适宜性指数较高，有效栖息地面积较大；减水河段河道内流量较小，大部分河段水深较浅，有效栖息地面积小，需要开展河道生境修复；在此基础上，提出了黑水河生境修复可采取河道整理为主，结合优化生态流量的保护方案。

2017年，刘四华从河流（替代）生境保护的可行性分析入手进行河流（替代）生境的适宜性评价，从理论、技术、经济三方面对支流进行择优；并根据栖息地保护的需求，结合区域环境特征，建立丹巴水电站减水河段鱼类栖息地保护适宜性指标体系。

2018年，党莉等针对典型经济鱼类（草鱼、鲢鱼、鳙鱼）整个生命周期构建栖息地适宜性模型，耦合区域内的平面二维水动力模拟，计算并分析水库调节对目标物种不同生命阶段栖息地适宜性的影响特性。结果表明：水库现有运行方案对目标物种洄游较有利，对成鱼生长影响不大，但却显著削减了年内整体产卵适宜面积，并造成大范围的幼鱼适宜栖息地消失。

2020年，张新华等以长江上游弯曲分汊浅滩作为研究对象，考虑中华鲟产卵场功能区的分区特征，基于斑块面积比、栖息地破碎性指数、栖息地连通性指数，构建鱼类栖息地综合评价模型，研究淹没式丁坝（潜坝）布置形式对中华鲟栖息地的影响。结果表明：适当的潜坝布置形式对整治河段内中华鲟栖息地环境质量有明显的改善作用；研究区域内中华鲟栖息地斑块个数与潜坝坝长成正比，斑块面积比和栖息地破碎性指数与坝体数量成反比，栖息地连通性指数主要受坝体数量的影响。

2020年，孙志毅针对传统河流物理栖息地模型计算范围不足，提出一种新的河流鱼类栖息地生态适宜度指数计算模型，并通过鲢鱼实地调查试验，对模型计算结果进行验证。结果表明：新模型可综合考虑河段区间汇水对鲢鱼生境的综合影响，模拟结果与实地调查结果吻合度较高。

2021年，廖致凯选择长江上游朝天门至丰都河段作为代表河段，于2019—2020年在朝天门至丰都河段开展野外调查，统计和鉴定水生生物及鱼类资源的组成与分布，分析长江上游河流生境与鱼类群落之间的关系，为确定长江上游鱼类适合栖息地及河流生态保护和健康管理提供科学的理论依据。

2022年，杨彦龙等针对多分汊河道边界复杂的特点，建立了基于一般曲线坐标系下的平面二维水流数学模型。将所建立的数学模型应用于大渡河乐山段安谷水电站左岸生态河网建设和鱼类栖息地设计，对工程投运前后河段的水深、流速、流场、分流比进行模拟和对比分析，采取生态工程措施，使鱼类产卵场河段水流特性仍满足鱼类栖息地要求。

2022年，张雨轩基于调查获取的鱼卵、仔稚幼鱼、海水表底温度、海水表底盐度、水深、叶绿素、浮游动植物及五项营养盐（氨氮、硝氮、亚硝氮、磷酸盐、硅酸盐）数据，运用空间插值、聚类分析、非度量多维标度排序、相似性分析和冗余分析（RDA）等方法对鱼类早期资源时空分布、群落结构月际更替及主要种类适宜产卵生境进行了综合分析，查明了烟威近岸海域鱼类产卵场现状和主要鱼类的产卵适宜生境，主要优势种类鳀、鲬产卵场时空变动以及鲬龄幼鱼的生物学特性。通过建立基于Tweedie分布族的广义加性模型，分析了鳀、鲬鱼卵丰度与主要环境因子的关系。

2023年，李方平等为筛选金沙江上游旭龙水电站鱼类栖息地保护支流，从替代适宜性和保护适宜性两个角度构建鱼类栖息地适宜性评价指标体系，选取11个与栖息地质量密切相关的评价指标，应用层次分析法确定评价指标的权重值，计算三条主要支流栖息地适宜性指数（HSI），并划分栖息地适宜性等级。

2023年，李园顺等认为人工鱼类产卵场是保护和改善鱼类繁殖条件的最有效方式。通过对产卵对象、关键生境因子、选址研究，营造适宜鱼类产卵繁殖环境，对鱼类栖息环境加以保护。为充分掌握和了解工程实施效果，通过鱼类资源跟踪监测工作，侧面证明乌东德库尾鱼类栖息地保护建设项目效果显著。

2024年，杨富亿等采用湿地水文和基底修复的方法，对嫩江近岸浅水区和洪泛区中鱼类的自然栖息地进行修复；在鱼类栖息地开展鱼类样本采集和调查，研究鱼类栖息地修复前后鱼类群落的组成和结构特征，评价鱼类栖息地的修复效果。研究结果表明：与鱼类自然栖息地相比，修复栖息地的鱼类物种数量明显增多，而经济鱼类的相对种群生物量和相对种群数量却分别减小了16.02%和39.98%，小型非经济鱼类的相对种群生物量和相对种群数量比自然栖息地分别增大了143%和63.54%，鱼类现存资源量、平均年鱼类现存资源量和平均年鱼类分布密度大幅增加。

综观国内水利学者、水利机关和研究团体近年对河川栖息地的研究，大致可分为现状调查、栖息地形态形成分析以及水力生境的数值模拟。通过对栖息地水力生境与栖息地之间的关系研究，可为河川生态遭到破坏的地方进行修复提供理论与技术支撑。然而，针对国内学者对栖息地修复效果的评估研究甚少。影响河道水力生境的因子众多，纷繁复杂；而相关学者只用WUA或相似度来评估，这对栖息地修复效果的评估缺少说服力。栖息地的水力生境修复评估仍有待进一步探讨。

二、生态需水量研究

河流生态环境需水是具有环境、生态与自然属性的三重维度概念，既反映了水环境系统的承载能力、恢复能力以及生态系统的可持续性，又反映了水生生态维持社会发展的能力。中外学者从不同尺度与不同角度对生态需水进行过许多探讨，多数学者认为：生态环境需水从广义角度讲，是维持全球生物生命周期内生态环境系统水分平衡所需的用水；从狭义角度讲，可认为是维持生态环境不再恶化且有一定程度改善所需的水资源总量。

（一）国外生态需水研究的发展过程

对生态需水的研究始于20世纪40年代的美国，其渔业管理部门开始注意和关心渔场的减少问题，由此提出了河流最小环境流量的概念，规定需保持河流最小生态流量。到了20世纪60—70年代，一些学者运用系统理论对全球著名流域重新进行评价和规划，经过一系列努力，最终提出确定自然和景观河流基本流量的方法——河道内流法，这标志着在河道内流量方面已形成较完善的算法。20世纪80年代初，美国开始对流域的开发和管理目标进行全面调整，由此开创了生态需水分配研究的新篇章。

20世纪90年代后，生态需水成为全球关注的焦点。Covich提出生态需水的定义，认为生态需水就是保证恢复和维持生态系统健康发展所需的水量。此后，Gleick提出了基本生态需水的概念。随着研究的不断深入，成立国际FRIEND（flow regimes from international experimental and network data）组织；该组织从不同角度提出河流生态需水量的计算方法，兼顾河流生态需水多方面需求，将某时段各种需求的最大值定为河道流量需水量，从由纵向、横向、垂向和时间域构成的四维动态系统进行研究；研究范围也扩展到湖泊、湿地、河口三角洲等生态系统的需水研究。

2013年，Fielding等鉴于当时和未来全球水安全的威胁进行了一项试验研究，旨在测试三种不同干预措施对昆士兰东南部家庭用水的长期影响。来自221户家庭的参与者被招募并完成初步调查，在其房子内安装智能水表并以5 s的间隔测量总用水量。这项研究首次将智能水计量技术用作改变行为的工具，以及测试需求管理干预措施有效性的方法。

2014年，Pastor等将计算EFR(environmental flow requirements，环境流量需求)的五种EFR方法与11个局部评估EFR的案例研究进行比较。使用三种现有方法（Smakhtin、Tennant和Tessmann）和两种新开发的方法［可变月流量法（VMF）和Q90_Q50法］。结果表明：平均需要37%的年排放量来维持环境流量需求；与高流量期（平均高流量的17%～45%）相比，低流量期（占平均低流量的46%～71%）的环境流量需要更多的水。

2015年，Mankin等专注于雪供应的分析，使用多模型综合气候变化预测，发现NH流域，目前有20亿人口——在未来的一个世纪中面临着67%的雪供应减少的风险。此外，在多模型平均值中，68个流域（目前人口大于3亿人）从有足够的降雨径流来满足目前人类所有用水需求过渡到降雨量不足。

2016年，Liu等开发了一种通过考虑水量和水质来评估水资源稀缺性的方法，同时明确考虑EFR并将这种数量-质量EFR（QQE）方法应用于中国内蒙古黄旗海流域。研究结果表明：在给定EFR的情况下，该流域正面临水量和水质的相关问题。目前用水量导致流域河流生态系统退化，未来政策应该旨在减少用水和污染排放，以满足维持健康河流生态系统EFR。

2017年，Chent和Olden建立了一个新的框架，用于量化美国西南部一个大型旱地河流流域18年来的水文情势与多种本地和非本地鱼类物种丰度之间的关系。将这些关系模型纳入多目标优化框架，以平衡人类用水需求和本地鱼类受益而非本地鱼类不利的双重保护目标来设计大坝下泄生态流量。

2018年，Li等引入一种多级模糊随机规划方法，通过在一组模糊α-切集水平来研究一个关于水资源系统长期规划的管理问题。该法考虑生态需水量，解决以往个体模型研究难以解决的复杂问题。研究结果表明：水资源配置的动态性和复杂性可以通过多层离散上下文树来反映，以互动方式识别目标的满意度和约束性，使决策者能够在系统条件下生成一系列备选方案。

2019年，Zhang等采用90%频率法、变率范围法和二维深度平均有限元法建立生态运行模型，定量分析不同运行模式下发电量与生态流量满足度之间的相互作用。通过模型计算最干旱月径流综合生态需水量，其过程考虑了鱼类产卵期的河基流量、生态流过程和鱼类栖息地的生态需水量。

2020年，Boudjerda等研究灌溉需水量的优化，将动态规划神经网络（DPNN）方法应用于油藏分析，制定优化运行规则，以最大限度地减少排水量和灌溉需求之间的差距。为此，Boudjerda等选择阿尔及利亚南部的Foum El Gherza大坝水库系统来检验其提出的优化模型。

2021年，Zhao为了解决现有生态环境需水量预测模型存在预测误差大问题，构建基于大数据分析的生态环境需水量预测模型。为了降低生态环境需水量预测模型的预测误差，建立了生态环境需水预测模型的框架。在此基础上，采用最小月平均流量法对生态环境基本需水量、渗漏需水量和水面蒸发生态环境需水量进行分析，实现生态环境需水量的预测。

2022年，Olabiwonnu等将水资源评估和规划（water evaluation and planning，WEAP）系统软件用于对挪威最长的河流格洛马河的自然径流进行研究，其结果表明：1—3月是格洛马河的关键时期，三个水位计得到的年最小流量值表明，与调节前相比，调节后的流量显著增加；WEAP模拟的日平均流量为100 m^3/s，夏季的平均流量为350 m^3/s。

2023年，Hao等基于遥感图像数据对塔里木河流域平原地区近22年来的天然植被蒸散量进行了估算。结果表明：天然植被的平均最小生态需水（ecological water demand，EWD）为105.45 mm，最佳EWD为135.53 mm。林地和高低覆盖草地的平均最小EWD分别为129.13，284.38，111.40 mm，最佳EWD的平均值分别为152.96，382.05，141.16 mm。该研究的新方法简单易行，为定量评价自然植被EWD阈值提供了一种有效的方法。

（二）国内生态需水研究的发展过程

由于历史原因，国内对生态环境需水的研究起步相对较晚。1989年，汤奇成对塔里木盆地水资源与绿洲建设进行了较为深入的研究，并首次提出了生态用水概念。1995年，汤奇成针对干旱区灌溉面积扩大、生态环境、人口增加等突出问题，提出应该在水资源总量中专门划出一部分作为生态用水，使绿洲内部及周围的生态环境不再恶化。1993年，水利部组织编制的《江河流域规划环境影响评价规范》（SL 45—1992）行业标准中，针对环境脆弱地区水资源规划，正式将生态环境用水纳入必须予以保证的用水类型之中。而此阶段，关于生态环境需水的理论、概念以及计算方法等都刚刚起步。20世纪90年代后期，尤其是"九五"国家科技攻关项目"西北地区水资源合理开发利用与生态环境保护研究"（96-912）的实施，才真正揭开我国生态环境用水研究的序幕。在湿地保护方面，对湿地生态环境需水量的内涵、组成以及临界值进行了探讨，并以水量平衡原理为基础对计算的指标和理论模型进行了研究。目前，正在规划中的南水北调工程西线方案，为了确保调水区生物多样性的完好和生态系统不被破坏，也正对调水区下游河道生态需水要求进行计算。

国内对于生态环境需水研究是在生态环境已经严重恶化的背景下提出的。

根据不同河流生态系统的不同需求，采用不同的计算方法。李嘉等提出的计算河道最小生态基流量的生态水力学法，重点研究水深、流速、湿周、水面宽、过水断面的面积、水面面积、水温等水力生境参数，以及急流、缓流、浅滩及深潭等水力形态的指标表现形式，为河道确定生态基流量提供了一套较具体可行的方法，对确定生态基流的计算具有指导意义。另外，杨志峰等从流域尺度出发，在分析流域生态系统结构、功能模块的复杂性以及流域生态系统的整体性的基础上，进行模块划分，然后将其整合，建立了全国河流生态水文分区体系和分区方法，为从流域尺度开展生态环境需水量研究提供了基础。目前，生态需水的主要研究方法如表1–3所示。

表1–3　河道生态环境需水量的主要研究方法

水文学法	水文学法又称为历史流量法，包括Tennant法和7Q10法，是依据历史水文数据确定需水量；该法适合对河流进行最初目标管理，作为战略性管理方法使用
水力学法	水力学法认为一定流量下河流浅滩断面的水力参数可用来指示鱼类栖息地的情况；水力学法主要包括湿周法和R2-Cross法。湿周法适用于宽浅型和抛物线型河道，而R2-Cross法主要用于中小型河流，但经过修正后的R2-Cross法可用于大型河流
整体分析法	整体分析法建立在尽可能维持河流水生态系统原始功能正常运行的基础之上，分析整个生态系统的需水量
生境模拟法	生境模拟法利用水力模型预测水深、流速等水力参数，然后与生境适宜度标准相比较，计算适合指定水生物种的生境面积，然后据此确定河流流量；其代表有河道内流量增加法（IFIM），随着IFIM法研究的深入，发展了越来越多的栖息地模型，包括RHABSIM、RHYHABSIM、EHVA和River 2D等模型
生态水力学法	生态水力学法通过研究河段水生生物适应的水力生境来确定合适的流量，在决策生态需水量中考虑了水力生境参数在全河段的变化情况，避免了单凭最低值进行判断所造成的失误，计算结果具有全面性

2012年，汪志荣等针对国内外生态需水研究现状提出包含四级的生态需水研究体系，从流域角度对比分析水生态系统和旱地生态系统以及二者地下水系统的生态需水计算方法，认为流域生态需水尚需要在生态需水的内涵和研究内容、时空尺度效应、"三水"耦合关系、计算方法、非常规水资源利用、3S技术应用等方面开展深入和系统的研究，在适应现代水资源流域管理理念的基础上，完善生态需水研究的理论和技术体系。

2013年，左莎莎采用Tennant法对河流基本生态环境需水进行合理性检验与等级划分，根据河道内生态环境需水的兼容性特点，将赣江中下游河流基本生态环境需水的"理想"和"适宜"等级作为河道内生态环境需水标准，并得出主要控制断面各等级下生态环境需水年内分配过程。

2014年，胡婉婷对流域进行生态环境需水量研究，利用海子流域气象站4—10月的气象数据，采用桑斯维特法和penman法对植被生长期的ETo（evapotranspiration，蒸散）值进行计算，并将两种方法对比分析。预测结果表明：2020年的生态需水系数和生态需水模数比2014年都有所提高；因此，增加植被面积，增加生态环境用水量，减少无效蒸发耗水量，是提高该流域生态环境质量的有效途径。

2015年，余艳华从河道内生态环境需水量这一基本概念出发，对河道内生态环境需水量的计算方法进行探讨分析。

2016年，许昆基于涑水河的特点提出适合涑水河河道的干旱和半干旱流域需水预测模型，探讨自适应变尺度粒子群-RBF神经网络模型在需水预测中的可能性。研究结果表明：涑水河流域需水量与自适应变尺度粒子群-RBF神经网络模型预测结果相当接近。

2017年，李媛媛从河道生态需水量的研究现状出发，总结目前关于河道生态需水量的主要研究方向。对比分析现有河道生态需水量计算方法的优缺点，并指出其适用性；依据河道生态需水量计算方法的现存问题，对河道生态需水量今后的发展提出建议。

2018年，吉小盼和蒋红通过建立各断面湿周与流量关系及其拟合曲线，分别采用斜率法、曲率法和经验法分析确定了各断面最小生态需水，并参考相关参数标准对计算结果进行合理性检验。研究结果表明：湿周法适用于河床稳定且形态近似抛物线形或矩形的断面，以斜率为1的点（斜率法）确定断面湿周与流量关系曲线的转折点及断面最小生态需水更有利于保护河流生境。

2019年，朱丽辉等基于水资源利用生态环境问题，选取南充市西河流域顺庆城区段为研究对象，对其2016年的河流径流量进行一年的实地测量，运用生态水力半径法估算西河流域顺庆城区段的生态需水量。研究结果表明：西河流域顺庆城区段的生态需水量为15.8 m^3/s，除了可以满足河道生态需水量的6月平均径流量外，其余月份都远低于生态需水量。

2020年，赵海波利用生态环境标准等级进行评价，并揭示水生生物、污染物、降雨因素作用下河道状态的变化特征，以大凌河为例计算其生态需水量。研究结果表明：以同期多年平均流量的40%～60%，65%～75%计算河道枯水期（10月至次年4月）和丰水期（5—9月）生态需水量，具有较高的准确度与可靠性。

2021年，覃春乔等考虑外部条件和自身水力结构对河道需水量造成的影响，从蒸发、渗漏和污染降解三个维度针对川南地区堰坝结构下河湖需水量做详细的计算，满足川南地区河道时空不均的特性，采用水源选取的多样化空间，符合川南地区水量调配的总体规律，可从生态补水层面对城市河道设计做出前瞻性要求，对城市河道可持续发展具有一定的指导意义。

2022年，阳金杉通过实地勘测结合历史产卵场点位，监测预估产卵场断面要素（河宽、断面形态等）、断面水体性质（DO、PH、TDS、温度等），最终获取景洪电站下游至橄榄坝7个断面相关理化数据。研究基于栖息地法River 2D模型，选取研究区域中景洪电站下游一段河道（覆盖断面1，2，3）用于模型构建，并完成模型率定与验证。

2022年，陈敏等研究永定河水源地，指出要逐步将永定河恢复为"流动、绿色、清洁、安全"的河，天津市段永定将水体联通功能作为主要生态环境功能，为此分析维持水体联通功能所需的河道内生态需水量。

2023年，鄢笑宇等利用Tennant法和生态流量阈值法分别计算外洲断面生态需水量，并采用基于四大家鱼为生态保护目标的湿周法进行筛选比对，确定赣江下游适宜和较适宜的生态需水过程。研究结果表明：Tennant法和生态流量阈值法计算得到的年均适宜生态需水量分别为845.44 m^3/s，1041.30 m^3/s，占外洲断面多年平均径流的40%左右；年均较适宜生态需水量为626.60 m^3/s，561.16 m^3/s，占外洲断面多年平均径流的27%左右。

2023年，王鹏全和李润杰采用线性趋势法、非参数Mann-Kendall法、Spearman法和滑动平均法分析北川河流域1959—2013年径流变化趋势，并采用非参数Pettitt突变检验、滑动t检验、滑动F检验和累积距平曲线法综合诊断径流突变点；根据改进Tennant法和年内同频率展布法确定的生态流量过程外包线计算河道内生态需水量，并基于SWAT水文模型计算河道外生态需水量。

国内外学者从不同尺度与角度对生态需水进行研究，建立了许多生态需水的方法，成果丰硕。生态需水的计算方法虽多，但不同生态区域、不同河道物种应该采用哪种方法，计算的结果才更符合生态系统实际的水量需求，仍有待深入、具有针对性地研究。

三、丁坝修复技术研究

丁坝是广泛使用的河道整治和维护建筑物，其主要功能是导流、改善航道、保护河岸、维护河相以及保护水生态多样化。目前，国内外对丁坝的分类见表1-4。

表1-4　国内外对丁坝的分类

丁坝分类依据	作用及特点
坝轴线与水流方向的夹角	可分为上挑、正挑、下挑三种。对于淹没式丁坝以上挑式为好，因为水流漫过上挑丁坝后，可将泥沙带向河岸一侧，有利于坝档之间的落淤；而下挑丁坝则与之相反，造成坝档间冲刷，河心淤积，且危及坝根安全。对于非淹没丁坝，则以下挑为好，其水流较平顺，绕流所引起的冲刷较弱，相反，上挑将造成坝头水流紊乱，局部冲刷十分强烈。在河口感潮河段以及有顶托倒灌的支流河口段，为适应水流的正逆方向交替特性，多修建成正挑形式
丁坝坝顶高程与水位的关系	可分为淹没式和非淹没式两种。用于河道枯水整治的丁坝，经常处于水下，一般为淹没式；而用于河道洪水整治的丁坝，其坝顶高程有的稍高出设计洪水位，或者略高于滩面，一般洪水情况下不被淹没
对水流的影响程度	可分为长丁坝和短丁坝。长丁坝有束窄河槽、改变主流线位置的功效；短丁坝则只起迎托主流、保护滩岸的作用。一般来说，数百米甚至上千米的丁坝，多用于航道的枯水整治，为淹没式丁坝。对于航道的中水整治，则应尽量将丁坝控制在100~200 m，以免严重阻水，形成紊乱的水流结构，危及坝体安全或者引起对岸、坝下游岸线崩塌
作用和性质	可分为控导型和治导型两种。控导型丁坝坝身较长，坝顶不过水，其作用是使主流远离堤岸，既防止坡岸冲刷又改变河道流势；治导型丁坝工程的主要作用是迎托水流，消减水势，不使急流靠近河岸，从而护岸护滩，防止或减轻水流对岸滩的冲刷

（一）国外丁坝水力学修复研究

国外对河流生态环境的研究已有100多年的历史，且已取得显著成果；而河流生态修复标准、修复方法也在发展中不断更新。为了更好地指导河流生态环境修复工作，丁坝对河流修复的研究越来越受到广泛关注。

1928年，Windel通过不透水单丁坝的水槽试验研究丁坝对流场的影响；此后，C. T. 阿尔图宁与富水正博士也做了类似的室内试验研究。

1953年，Ahmed进行了丁坝附近的水流试验，并记录下附近水面的水位变化情况。

1961年，Garde等研究了丁坝作用于河床后主流束窄对下游流态的影响。

1968年，Francis等的研究结果表明丁坝下游回流易受到坝头边坡的影响，当坝头边坡为1（相应坡角为45°）时的梯形丁坝回流区面积约只有矩形丁坝的

2/3，虽然回流长度没有很大变化，但回流区面积却会出现较大变化。

1983年，Rajaratnam和Nawachukwu通过测量丁坝附近的流速，分析丁坝长度与回流区长度的关系。

1984年，Li等以及Shields等（于1995年）的研究结果表明丁坝、翼堤坝，防波堤、硬点，以及放置在各种大型河流类似的结构可以起到减缓水流的作用，达到恢复河道的目的；丁坝之间的低速区为鱼类提供了宝贵的栖息地。

1990年，Tingsanchal和Maheswaran基于水深平均的二维动力模型并结合修正的$k-\varepsilon$模型，对丁坝附近的河床应力进行了计算。

1993年，Olsen和Melaaen采用三维非恒定流模型计算圆柱体周围的流场，用近床推移质连续方程计算圆柱附近的冲刷深度。

1995年，Molls等采用交替方向隐式方法（alternating direction implicit，ADI）和显式MacCormack相结合的模式，开发了可用于模拟丁坝水流的一维与二维模型。

2004年，Kevin等通过在河流修建丁坝，发现丁坝产生湍流以及丁坝之间的静态水可以为幼鱼提供休息和觅食区域。丁坝结构之间的泥沙淤积可能进一步延长岸线进入通道，有助于植被恢复，进一步加固河岸。

2009年，Mary认为丁坝不仅可预防洪水对河岸的侵蚀与冲刷，而且丁坝之间的淤积泥沙可促进植被生长，使河岸进一步稳定；与此同时，丁坝群可为鱼类营造适宜产卵水力生境。然而，Mary未进一步分析丁坝群如何构建鱼类产卵场。

2010年，Yazdi等用VOF法模拟了单个丁坝对自由液面的影响，得到了河床切应力的分布，探讨了流量、丁坝长度和角度对河床剪应力分布的影响。

2011年，Abbasi等利用Flow-3D软件对不同弗劳德数下，不同流量、不同长度与不同角度的丁坝进行模拟，发现最大漩涡与最大速度发生在75°丁坝处，而最小漩涡与最小速度在30°丁坝处。Duan利用微声学多普勒测速仪测量丁坝周围的三维湍流流场。在冲刷坑形成前后，分析堤防附近每个象限的湍流爆发事件的时间频率，包括向外相互作用、喷射、向内相互作用和扫掠。

2013年，Kuhnle和Alonso使用声学多普勒流速仪测量水下固定冲刷床上的紧密间隔网格上丁坝的三维流速，通过测量揭示丁坝周围的速度分布及其近场流动结构。测量结果显示：固定平床和冲刷床上的水流之间存在明显差异，强烈的侧向流是观测到局部冲刷的主要原因，冲刷床剪切应力高于平床情况；随着冲刷坑的形成，冲刷率的降低归因于两个主要冲刷坑斜坡的长度和大小的增加，这将导致冲刷坑中临界剪切应力增加。

2015年，Basser等提出一种新的混合方法——基于自适应网络的模糊推理系统和粒子群优化（ANFIS-PSO）相结合来预测丁坝防护堤的参数，以控制一系列丁坝周围的冲刷。研究结果表明：与其他方法相比，该方法的精度显著提高。此外，利用现有数据证实所开发方法的有效性。

2018年，Giglou等使用Flow-3D数值模型与Heltz实验室模型对相关的河道和丁坝进行模拟。通过RNG(renormalization group，重整化群）湍流模型研究倾斜丁坝周围的紊流流场以及角度、水力条件和沉积模式等参数的影响。研究结果表明：丁坝角度增大会影响沉积区的长度和宽度；当丁坝的角度从90°增加到120°时，沉积区的宽度与长度将分别增加到71%和92%。

2019年，Kurdistani等分析水流弯曲和木框导流板位置对冲刷形态的影响。为此，在比萨大学的水力学实验室建造了一个专用水槽，并进行了一系列在不同的水力条件和几何构型下的试验。试验结果表明：河道曲率和结构位置对最大冲刷有重要影响深度值和冲刷形态。

2020年，Thulfikar等使用水槽试验和计算流体力学（CFD）模型分别模拟四种新型淹没堰周围的流动特性和冲刷。研究结果表明：和尖顶堰相比，120°角的倾斜尖顶堰将最大冲刷深度减少三倍以上；对于120°角的尖顶堰和倾斜堰，CFD模拟与水槽试验之间存在统计学上的显著差异。

2021年，Pandey等推导一个新的数学模型用于估计砂砾沉积物混合物的时间冲刷深度。Pandey等所提出的方程已经用试验数据进行校准和验证，证明其对时间冲刷深度演变的良好预测能力。

2022年，Esmaeli等通过使用五个丁坝建造实验室曲流通道，研究一系列丁坝的渗透性和长度对侵蚀控制的影响。在非淹没状态下，使用三个有效长度、四个渗透率值和三个弗劳德数进行试验。试验结果表明：9 cm长的不透水丁坝的退堤量最高，15 cm长的透水丁坝退堤量最低，为54%。

2024年，Akbar等通过在水槽中安装两个弯曲度分别为1.3和1.5的曲流模型模拟河床修建丁坝减轻河床被冲刷。丁坝可将螺旋流态从外弯道分流，并保护河床免受严重冲刷。研究结果表明：丁坝的有效性随着弯度的增加而降低；此外，对于两种曲流模型，安装在+30°位置的50%透水丁坝的性能最好；最后，提出一个基于回归预测方程来确定弯曲河道中丁坝周围的冲刷比例。

计算机技术日新月异，数值模拟技术也随之得以迅速发展。采用数值模拟的方法研究丁坝水流流动特性也有了长足的进步，因此，关于丁坝水力特性的研究将更为深入。随着人们对丁坝认识的加深，丁坝在河道整治中得到更为广泛的应用。

（二）国内丁坝水力学修复研究

在河道生态修复工程中，丁坝是经常采用的工程措施之一，具有控制河势、保护岸滩、束水攻沙和壅高水位等多种功能。国内对丁坝水流试验研究相对较晚，但成果丰富。国内对丁坝的研究主要集中在以下几个方面。

1. 丁坝的分区及回流研究

1978年，窦国仁等利用水力学的基本方程以及相关假设，推导出丁坝回流边线方程式、回流长度与宽度的计算式，其正确性得到了水槽试验的验证。

1981年，蒋焕章等试验研究结果表明丁坝的坝长(L_s)与回流长度(L_r)在正交情况下的L_r/B与L_s/B之间没有单一的关系，也就是说，L_r/B有时随L_s/B的增大而增大，有时随L_s/B的增大而减小。

1983年，张定邦在前人研究基础上对运动方程式进行了推导，提出了丁坝整治回流长度所引起的能量损耗概念；在考虑整治线宽度与水深情况下，推导出了单丁坝回流长度计算公式。

1986年，温雷根据实测资料研究丁坝挑角对回流区的影响，点绘（以前计算机技术不成熟，用手动一个点一个点描绘试验，简称"点绘"）各种挑角下流速沿河宽的分布发现：除了坝头局部区域外，纵向流速在流场中起主要作用；当丁坝置于非正交时，主流区的流速分布和正交丁坝流速分布形态基本相同，流速值有一定变化。

1987年，马腾云通过对岸坡对丁坝回流的试验研究，认为水深对丁坝回流区域的影响是一个不可忽略因素。仅通过弗劳德数(Fr)或来流的平均流速判断来流对回流区范围的影响是不够全面的。

1989年，陆永军等通过试验发现丁坝下游恢复区流速分布具有自相似性，并根据相似原理，得到恢复区近段流速的分布。

1990年，程年生采用改变流量、水深、丁坝坝型和边坡系数等单因素试验研究丁坝迎水和背水边坡对回流流态的影响，研究结果表明：当丁坝具有迎水边坡或背水边坡时，无论其坡度如何改变，坝下游回流区范围比同等条件下的无边坡丁坝的回流区范围小。

1993年，夏云峰等利用水深平均模型，用水深平均$k-\varepsilon$紊流模型计算淹没丁坝流场，较好地反映了坝前壅水、回流和水面线的变化。

1994年，程昌华等通过水槽试验研究不同勾角和不同勾长组合丁坝对流场产生的影响，并对产生影响的机理进行了分析；试验结果表明，增加勾头后回流范围减少，同一勾角内，回流长度随勾长增加略有减小。

1995年，冯永忠通过理论分析和水槽试验，认为错口丁坝系统回流长度是反映错口丁坝间相互影响关系的一个特征长度，它是上游错口坝回流长度的最小值；错口丁坝回流尺度随错口距离变化而变化，当错口距离为零时，计算公式可以退化为对口丁坝尺度的形式。

1999年，乐培九等借用沿程水头损失的达西公式并结合包达公式，分别用矩形水槽和抛物线性的水槽试验资料检验，获得并验证非淹没丁坝回流长度公式。

2001年，李国斌等对主回流紊动切应力、紊动黏性系数、主流流速横向分布规律等做了不同于前人的相关假设，从而推导出关于非淹没丁坝下游最大回流宽度以及长度的计算式。

2004年，韩玉芳和陈志昌根据水槽试验数据和数学模型计算结果，认为丁坝的相对回流长度是一个变量，与河宽密切相关，在设计丁坝的间距时，应充分考虑河床调整和相对河宽对丁坝回流长度的影响。应强将单个丁坝作用后的区域划分为四个区域（图1-2）。

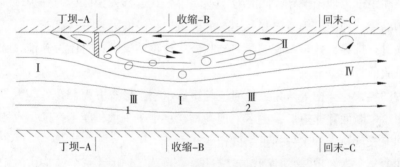

图1-2 单丁坝附近区域水流流态示意图

2005年，杨元平基于沿水深方向积分的平面二维水流运动方程组，合理利用相关假设，推导出透水丁坝坝后回流区长度计算公式；认为丁坝坝后回流长度不仅与水深、坝长、坝边坡、面积缩窄比有关，而且与丁坝透水性等有关。

2008年，清华大学陈稚聪等根据水槽试验结果，将回流区划分为主流区、回流正流区和回流负流区（图1-3）；根据水流连续原理，以回流区纵向零流速线为界，将回流区分为回流正流区和回流负流区，两者处于动平衡状态；在纵向上，回流流量逆向呈先增后减的情况，据此将回流区分为增流区和减流区。

2013年，蔡亚希等对宽浅河道中非淹没丁坝的流场进行研究，通过模拟不同进口流速在相同条件下的流场结构，利用量纲分析与数值模拟结果的比较分析得到进口流速对回流尺度影响的关系式。

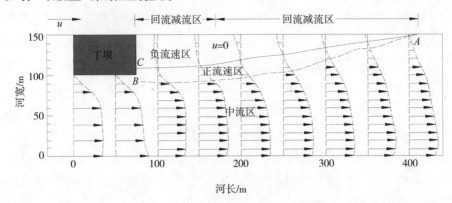

图1-3　回流区平面区域划分示意图

2. 丁坝作用间距

对于丁坝的合理间距，在目前可以查询的相关中英文文献中，还没有发现一个切实可靠的理论根据来确定。相关学者与机构更多的是在经验的基础上，对丁坝间距进行理论推导，同时对丁坝间距公式进行较为详尽的分析。

1981年，钟国泉等考虑并利用水流能量最积极的因素——流速，对丁坝间距公式进行推导，并与现有的国内经验公式计算结果进行对比；其推导结果为定床试验所肯定。

1983年，孔祥柏等认为天然河道与矩形水槽在形态方面存在着巨大差异，天然河道中断面并非矩形，更多呈现抛物状；由于丁坝长度不合理，水槽试验丁坝回流长度与实际工程的丁坝群相差甚大。

1992年，常福田与丰玮通过水槽试验，对群丁坝中主槽的流场进行了测验和分析。根据主槽中流速的沿程变化规律，提出了丁坝最佳间距的寻求原则，得出了群丁坝的间距关系式以及丁坝间距之间的变化规律。

1993年，丰玮通过对群坝水流特性的分析，对群坝的布置进行探讨，认为第一座丁坝与第二座丁坝间距应最大，第二座丁坝与第三座丁坝间距应最小，第三座丁坝以后各丁坝间距介于上述两丁坝之间。常福田通过矩形水槽中的正交平板丁坝试验，从流体动量方程出发，推导出丁坝回流区长度与回流宽度计算公式，在此基础上得出丁坝间的最佳间距布置公式。

1995年，冯永忠通过理论分析和水槽试验推导出错口距离的最优值、极限值、回流与主流的分界边线计算等公式，从而提出了在河道治理时布置错口丁坝相关建议。错口丁坝的流动示意图如图1-4所示。

2010年，高先刚等为探讨工程设计中前两座丁坝的间距布设问题进行了动床模型试验，得出丁坝合理间距的确定原则：坝后不冲，主流不淤，坝体自身稳定；经试验观测和原型验证，认为桩式透水丁坝间距为丁坝长度的1.5~2.5倍为最优间距。

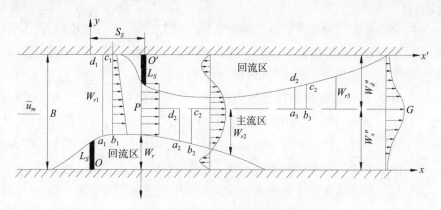

图1-4 错口丁坝的流动示意图

2013年，徐晓东通过水槽试验，从丁坝长度、槽蓄水位、河流动力条件出发，分析了双体丁坝作用区域内的回流长度、水面分布和流速分布随着上述三个因素变化时的影响规律，从而提出双体丁坝布置的间距阈值概念，并通过量纲分析将双体丁坝布置的间距阈值表示成相对坝长、渠道宽深比与弗劳德数三者的函数。

3. 丁坝在修复鱼类栖息地方面的应用研究

丁坝在鱼类栖息地修复中主要用来创造适宜流速下的鱼类栖息环境，对提高河流生物丰富度（多样性）有明显的效果。丁坝修建后，局部地改变了河流的流动形态，而坝体尾部漩涡的产生、分离和衰减会使水流呈现很强的三维紊动特性，相应流动结构变得十分复杂。对于丁坝断面，该区域过水面积人为缩窄，要使缩窄后的断面通过相同的流量，势必会使断面附近区域水位壅高，水流流速增大。

2002年，张柏山等对绕流丁坝的流动特性进行了试验研究，发现在丁坝的上游和背风面分别会形成马蹄涡和卡门涡，并且丁坝的个数对卡门涡的形态有明显影响，试验结果表明丁坝的交角及丁坝的个数对丁坝的流态有重要影响；赵时樑利用直线及弯曲渠槽的试验方式，探讨在溪流设置蛇笼丁坝（近似横向堆石群）后水流流况变化特性，结果显示蛇笼丁坝能产生多样化的栖息地环境，能使物理栖息地形态歧异度（丰富度）较高。

2004年，游蕙绫采用数值模拟洪汛时期，丁坝摆置所造成的缓流区将增加鱼类藏匿的区域，因此会增加栖息地面积，经过动床模拟后发现栖息地面积随时间推移而减少，且无因次剪应力强度越大，鱼类可用栖息地面积减少越多。

2007年，游政翰发现传统丁坝与未设置结构物的情况下，平均PUA（权重可用栖息地面积百分比）均约在78%；但在无树根丁坝的平均PUA提升至近85%，其中甚至有数种组合PUA在90%以上；相比之下，树丁坝的配置在平均PUA比仅有73%，且标准偏差最大，代表在设计配置树丁坝构造物时，较易因环境条件不同而出现差异较大的栖息地塑造效果。

2011年，葛奕良以台中筏子溪为例，以台湾石斑鱼为目标鱼种，结合一维水理模式（HEC-RAS）和河川栖息地二维模式（River 2D）进行仿真，以5%WUA增减率判定筏子溪丁坝影响范围，结合近10年台湾地区丁坝相关文献，探讨丁坝对鱼群栖息地的影响范围。

2012年，吴瑞贤等基于一维水理模式和河川栖息地二维模式，以台湾石斑鱼为例，结合近年台湾地区丁坝设置的相关文献，分析了丁坝对鱼类栖息地的影响范围，从而得出：在河道设置丁坝时，不论丁坝阻水率多大，其上下游影响范围之比都将随着坡降增加而下降。双丁坝配置的WUA变化率皆优于单丁坝配置。

2013年，苏伟研究丁坝的水毁机理并提出相应的维护措施，依托长江上游叙渝段航道建设工程设计出5种不同结构形式的丁坝，分别进行清水动床冲刷试验，对比分析优选出较好的丁坝结构形式。通过模型试验和理论分析相结合的方式，详细论述不同结构形式丁坝水毁过程，绘制出冲刷坑深度变化曲线，测量出各种丁坝的冲刷地形等值线图，同时对冲刷坑的范围进行全时段跟踪量测，以此剖析丁坝的水毁机理。

2014年，刘明洋等通过水深平均二维水动力学模型模拟不同流量下生态丁坝附近水流的水深、流速等分布规律，绘制L形及正交情况下生态丁坝周围流场特征，研究生态丁坝对齐口裂腹鱼产卵场水力生境的影响范围；根据齐口裂腹鱼适宜性曲线，得到一定流量下研究河段的WUA。研究成果表明：将长度与稳定河宽之比为0.25~0.33，坝头与坝长之比为0.20~0.25的L形及正交生态丁坝交错放置于河道中，可以营造出合适的水流流态，使其满足齐口裂腹鱼产卵的水力特性，从而增加WUA；修复后的产卵场水力生境与天然产卵场的水力生境相似度高。

2016年，张玮等以奥地利某顺直河道段低水生态修复工程为例，利用水流数学模型研究修复工程的平面布局。研究结果表明：利用错口丁坝，可在低水期形成蜿蜒多样的生态环境，且丁坝间距与错口深度是决定因素；在非淹没状态下，丁坝间距为2.28倍河宽、错口深度为0时效果最佳；在部分淹没情况下，丁坝间距应保持2.28倍河宽，但错口深度应大于0；相对坝高较小时，错口丁坝壅水较小且对行洪没有影响。

2017年，谭天琪以长江上游叙渝段航道建设工程为修复目标，根据纵向紊动强度的沿程变化，发现可以拟合得到各流区的相对纵向紊动强度沿程变化公式。在不考虑推移质的情况以及一定假设基础之上，得到适用于丁坝下游各流区的水流挟沙能力公式，反映水流挟沙力在时均速度变化下的沿程改变，并分析时均速度和沿程变化对双丁坝下游回流区的冲淤影响。

2019年，赵尚飞等基于流量内增加法，应用水生生物栖息地模型（River 2D），考虑鱼类栖息地的流速、水深、遮蔽回水面积比3项指标。研究结果表明：从生态流量到多年平均流量的过程中，顺直河道和丁坝河道不同综合适宜性指数（composite suitability index，CSI）等级的栖息地面积变化较大，其中两者CSI差等级的栖息地面积占比分别减少4.9%和4.8%，顺直河道CSI中等级的栖息地面积占比升高4.9%，丁坝河道CSI中等级的栖息地面积占比下降6.0%，丁坝河道CSI良等级的栖息地面积占比从0升高到10.8%；当流量大于多年平均流量26.42 m^3/s时，各种等级的栖息地比例变化不大，多年平均流量对鱼类生长而言是最佳下限流量。

2020年，安禹辰以徐塘桥河唐家里段干支流交汇区域为研究区域，基于正交试验探究生态丁坝群的几何布置参数（丁坝挑角、丁坝长度、丁坝间距）对河流水质改善的影响，建立River 2D鱼类栖息地模型，探究生态丁坝群对该河段鱼类栖息地的影响。研究结果表明：采用生物沸石作为填料的生态丁坝与天然沸石丁坝相比，可使生态丁坝的水质净化作用时间延长一倍以上，对NH3-N的平均去除率也提高了15%。错口丁坝的布设方式具有最佳的NH3-N净化效果，在低流量、中流量和高流量下的第6小时去除率分别为49.4%，40.0%和33.8%。

2021年，徐伟等采用香农多样性指数（Shannon's diversity index，SHDI）分析丁坝对河床冲淤变化、河流水深、流速以及河底地貌、河床基质多样性的影响。胡杰龙采用理论分析和模型试验相结合的方法，以传统散抛石丁坝为对照组，系统研究新型透水丁坝对航道水力特性、地形冲淤特性以及鱼类上溯和栖息行为的影响机制。研究结果表明：通过对丁坝附近水流流场和紊动特性的分析，确定WES曲线形断面能够有效降低漫坝水流流速和紊动强度；丁坝透水孔能够减弱坝头水流集中程度，降低坝头水流流速和紊动强度。明确新型透水丁坝透水孔处紊动强度的变化规律，建立丁坝透水孔处水流紊动强度的计算公式，验证丁坝透水孔作为鱼类上溯通道的可行性。

2022年，芦冉研究了丁坝透水特性对其溶解氧分布、可溶性污染物及不溶性污染物扩散的影响。研究成果表明：在不同流量条件下，流速越大，坝前溶解氧浓度越小，坝后断面溶解氧浓度越大，坝后回流区溶解氧浓度波动越大。在不同空隙率条件下，空隙率为14.1%时，丁坝对其溶解氧分布影响最剧烈，坝后回流区溶解氧浓度最大。在不同空隙尺寸条件下，空隙尺寸越大，丁坝对其溶解氧分布影响越小。辛玮琰等为探求界牌河段丁坝周围水流特性，明晰丁坝周围水流特性与坝头损毁之间的关系，采用清水定床、正态模型试验方法研究长江界牌河段丁坝周围水流结构特点，详细分析流量条件对界牌7#丁坝周围断面测点的流速最大区域及紊动强度最大区域分布的影响，重点分析坝头周围测点三维流速数据。研究结果表明：从x、z向流速和紊动强度的角度考虑，坝体中部及下游侧是易损区域；随着坝头流速的增大，下潜水流、坝头涡旋、单宽流量分别成为影响坝头损毁的主因。

2023年，刘一安探讨砾石群及传统丁坝对鱼类栖息地的改造效果，研究改造前后河道内鱼类不同生命阶段的生态流量。拟对安徽沙颍河下游弯曲河段进行裁弯取直，选取四大家鱼中的草鱼、鲢鱼、鳙鱼为研究目标，结合鱼类栖息地模型，采用数值模拟的方法研究裁弯取直工程对目标鱼类栖息地的影响及改造河道内的栖息地修复效果，并利用栖息地法分别计算目标鱼类幼鱼、成鱼、洄游、产卵阶段的生态流量。主要研究结论如下：裁弯取直后的河道能够满足通航要求，河道内流速增大，水流剪切速度值减小；20年一遇洪水流量下，进出口水位分别下降2.53 m和1.93 m，河道行洪能力有明显提升。

中外学者对丁坝作了大量的试验及数值模拟的研究，在丁坝的分区、丁坝附近水流的紊动特性、丁坝作用尺度、冲刷机理等方面，理论成果显著。但其成果大都限于试验研究，很少真正用于实际河道的治理。在生态修复方面，尤其在鱼类产卵场修复方面，研究甚少；近年对丁坝设置的相关研究稍显不足，特别是对影响范围评估的报道更是较少。对于丁坝修复效果，评估方法要么从相似度方面去衡量，要么从栖息地适宜面积去评估，而这种评估方法存在严重的缺陷。因此，本书对丁坝在鱼类栖息地的水力特性修复方面，进行深入而具有针对性的研究，从而提出简易而实用的评估丁坝修复效果的模型。

第四节　研究内容及目标

本书通过对概化河道中丁坝水力生境影响规律的研究，得出一套关于丁坝修复齐口裂腹鱼产卵场的评估模型。通过对岷江流域姜射坝下游相关修复河段进行修复，对比修建丁坝前后的产卵场微生境，以此验证模型。与此同时，修正所建立的评估模型，使其具有更好的适应性。

主要研究内容分为以下几个方面。

（1）查阅国内外关于丁坝修复鱼类产卵场的文献，结合岷江上游茂县齐口裂腹鱼天然产卵场实测资料，统计该河段及姜射坝河段众多断面，建立了梯形河道的概化模型。

（2）通过对梯形概化河道中单双丁坝作用下的水流流态、双丁坝的水流特性（丁坝间的水流流态、丁坝间的水位变化、丁坝间的水流流速分布变化）以及影响回流区的主要因素（丁坝的几何形态、来流条件、河床边界条件、丁坝阻水率、丁坝间距）的研究，为丁坝修复产卵场提供理论依据。

（3）通过对不同流量下不同阻水率工况的研究，并结合齐口裂腹鱼产卵的适宜曲线，得出了齐口裂腹鱼产卵场丁坝布置的最佳坝间距。使丁坝间距研究成果为丁坝修复齐口裂腹鱼产卵场提供理论依据，为其他类似鱼类栖息地水力生境的修复提供借鉴。

（4）利用改进的Vague集验证丁坝的修复效果，建立丁坝修复微生境相似度的评估模型。同时，对概化河道修复前后的SAM与SIM值进行对比与分析，并从中揭示规律，即建立SAM，SIM分别与丁坝长度、丁坝间距、河道宽度、流速和水深相关的模型，初步估算丁坝修复后微生境适宜面积与微生境相似度。

（5）针对修复河段的齐口裂腹鱼对河流水力参数需求，在充分考虑其体态特征的情况下，利用修正R2-Cross法对水力参数标准进行修正，最终计算出姜射坝下游修复河段的生态需水量，为修复河段的数值模拟提供可靠的流量条件。

（6）通过对姜射坝下游相关修复河段进行修复，对比修建丁坝前后的产卵场微生境，以此验证模型。与此同时，修正所建立的评估模型，使其具有更好的适应性。

第五节　技术路线

本书通过资料搜集、文献整理以及数值模拟的方式，对修复河段水力生境进行仿真。分析丁坝及其周围流场特征，研究丁坝对齐口裂腹鱼产卵场水力生境的影响规律；尝试建立一个评估丁坝修复效果的模型，为丁坝在修复河段的布置构建理论基础。本书研究的总体技术路线见图1-5。

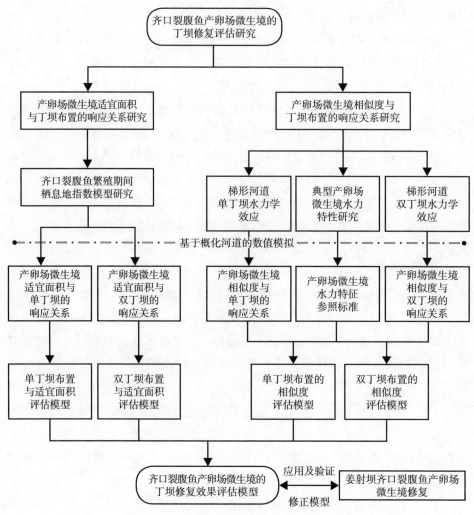

图1-5　本书研究的总体技术路线框图

第二章　理论及计算基础

齐口裂腹鱼产卵与否不是取决于一个或几个指标或参数，而是由众多指标或参数彼此间复杂的牵连关系决定的，且任何一项指数或参数都不能有太大的变化。本章对齐口裂腹鱼水力微生境指标体系进行归纳、总结，引入Vague集相似度计算方法，以便用Vague集更好地完善齐口裂腹鱼生殖期间适宜指标的相似度计算，为采用丁坝等方式构建齐口裂腹鱼自然繁殖的水力学环境提供理论基础。同时，本章给出了丁坝修复产卵场水力微生境的二维计算模型。

第一节　产卵场微生境水力特征

科学合理的鱼类产卵场水力微生境指标，是鱼类产卵场水力微生境修复的重要研究内容，是从定性研究走向定量研究的关键环节，也是客观而有效地评价鱼类产卵场水力特性的前提条件。根据齐口裂腹鱼繁殖习性和鱼卵类型，从鱼类产卵场水力微生境指标中筛选出齐口裂腹鱼产卵期重要、敏感的水力微生境因子，为全面描述齐口裂腹鱼产卵场的水力特性提供基础，也为定量评估水电开发等人类活动对齐口裂腹鱼产卵场水力微生境的影响程度及修复方案设计提供依据。

齐口裂腹鱼产卵场水力微生境指标体系根据指标相互独立性、系统性以及科学性原则而构建，以便指标体系在实际应用过程中方便、简捷、具有可操作性。从水力学的角度来看，鱼类产卵场水力微生境具有空间几何形态、运动学及动力学三方面特征，在不讨论鱼类产卵场其他环境因子（如水温、水质及底质等）的情况下，可以从以下指标来构建齐口裂腹鱼水力生境指标体系，即水深、流速、流速梯度、涡量（编程计算）、弗劳德数以及动能梯度，从不同角度来反映齐口裂腹鱼产卵场相似度的特征参数。鱼类产卵场水力微生境各指标见表2-1，齐口裂腹鱼繁殖期间栖息地适宜指数模型见表2-2。

表2-1 鱼类产卵场水力微生境指标体系

水 深	水深是反映水体深度的指标，对鱼类产卵的生态学意义在于：一方面为底栖型鱼类提供适当的活动空间；另一方面为沉性卵提供适宜的孵化环境
流 速	流速是反映水体流动快慢的指标，是水流与河道宽度、坡度、糙率相互作用的综合表现；流速对鱼类产卵的影响主要包括两个方面：一是适当的流速能刺激鱼类产卵；二是鱼类的性腺发育需要充足的溶氧
流速梯度	流速梯度可用来描绘流速的空间变化，反映水流的复杂程度；体外受精的鱼类在繁殖过程中通常选择水流混乱程度较高的水域进行交配，甚至只有在水流达到一定混乱程度才会产生交配行为；流速梯度在营养物质的掺混中有重要作用，是鱼类进食位置的重要特征
涡 量	涡体是混掺作用产生的根源，涡运动是流体中最普遍的一种运动形式，在河流中由于地形等的影响存在各种尺度和形式的涡；涡运动在鱼类繁殖过程中具有重要作用。研究发现：垂直涡可以提高鱼类精卵的掺混强度，提高受精率；卵浓度与平面平均涡量的关系为单位面积上的卵浓度随着平面涡量的增加而增加，当涡强度达到一定时却随之下降
弗劳德数	弗劳德数反映了水深和流速的共同作用，在描述产卵场水流形态中比单独采用水深和流速更加实用
动能梯度	动能梯度反映了亲鱼产卵期间能量消耗情况，可用来描述鱼类从一个位置移动到另一个位置需要的能量

表2-2 齐口裂腹鱼繁殖期间栖息地适宜指数模型

水深范围/m	适宜指数	流速范围/（m·s^{-1}）	适宜指数
（0,0.5）	0	（0,0.4）	0.27
［0.5,0.6）	0.25	［0.4,0.6）	0.49
［0.6,0.7）	0.55	［0.6,0.8）	0.53
［0.7,0.8）	0.75	［0.8,1.0）	0.60
［0.8,0.9）	0.90	［1.0,1.2）	0.70
［0.9,1.0）	0.95	［1.2,1.4）	0.93
［1.0,1.2）	1.00	［1.4,1.6）	1.00
［1.2,1.3）	0.85	［1.6,1.8）	0.88
［1.3,1.4）	0.55	［1.8,2.0）	0.56
［1.4,1.5）	0.25	［2.0,2.5）	0.37
1.5及以上	0.10	2.5及以上	0.10

流速梯度的表达式为

$$\text{grad}(V) = \frac{|V_{i+1} - V_i|}{\Delta d} \tag{2-1}$$

式中，V_i——某横断面上其中一条垂线的平均流速；

V_{i+1}——相邻下一垂线的平均流速；

$\Delta d = \sqrt{(x_{i+1} - x_i)^2 - (y_{i+1} - y_i)^2}$——两垂线之间的距离，其中，$x_{i+1}$，$x_i$，$y_{i+1}$，$y_i$ 为相邻两条垂线的坐标。

平面平均涡量定义为

$$\bar{\Omega}_{ABS} = \frac{\Gamma_{ABS}}{A_{TOT}} = \frac{\iint_S |\Omega| \Delta A}{A_{TOT}} = \frac{\sum |\Omega| \Delta A}{A_{TOT}} = \frac{\sum \left| \frac{\Delta u}{\Delta y} - \frac{\Delta v}{\Delta x} \right| \Delta y \Delta x}{\sum \Delta y \Delta x} \tag{2-2}$$

式中，A_{TOT}——闭合曲线所包围的面积；

Ω——单元涡量；

Δu——x方向速度在y方向上的变化；

Δv——y方向速度在x方向上的变化；

Δx，Δy——以上变化的相应距离。

上式中

$$\frac{\Delta v}{\Delta x} = \frac{v_{i+1,j} - v_{i,j}}{x_{i+1,j} - x_{i,j}} , \quad \frac{\Delta u}{\Delta y} = \frac{u_{i,j+1} - u_{i,j}}{y_{i,j+1} - y_{i,j}} \tag{2-3}$$

弗劳德数（Fr）是表征流体运动中重力作用和惯性作用相对大小的无量纲数，可用来判别水流的流态。弗劳德数的数学表达式为

$$Fr = \frac{v}{\sqrt{gh}} \tag{2-4}$$

式中，v——流速；

h——水深。

流速梯度的能量表现形式即动能梯度，表征水流中单位质量的物体移动单位距离的动能变化量。可用来描述鱼类从一个位置移动到另一个位置需要的能量，是衡量水生生物对栖息地适应性的一个指标。动能梯度用M_1来表示，其

数学表达式为

$$M_1 = \frac{1}{2}(V_{i+1} + V_i)\left|\frac{V_{i+1} - V_i}{\Delta d}\right|$$

（2-5）

动能梯度增率M_2是动能梯度除以低流速处的动能，可度量鱼类从低流速位置移动到高流速位置需要的额外能量，其表达式为

$$M_2 = \left[(V_{i+1} + V_i)\left|\frac{V_{i+1} - V_i}{\Delta d}\right|\right]\Big/V_{min}^2$$

（2-6）

式中，V_{min}——两相邻垂线平均流速的较小值。

四川大学生态环境所研究人员多次赴现场进行实地踏勘，在广泛收集调查研究河段水文、水质、河流地貌等资料之后，结合水利部中国科学院水工程生态研究所对研究河段鱼类资源调查结果，在计算与分析岷江上游渭门乡齐口裂腹鱼天然产卵场的水力特性基础上，通过对产卵河段与非产卵河段进行对比研究，陈明千得出了渭门乡齐口裂腹鱼天然产卵场相关水力生境指标范围：齐口裂腹鱼天然产卵场平均水深范围为1.2~1.8 m；平均流速范围为1.3~2.0 m/s；流速梯度范围为0.09~0.21 s^{-1}；动能梯度范围为0.09~0.32 $J \cdot kg^{-1} \cdot m^{-1}$；弗劳德数范围为0.3~0.5；平面平均涡量范围为0.1~0.2 s^{-1}。

第二节 产卵场微生境水力指标评估方法

鉴于Vague集在决策分析、模糊推理、聚类分析、模式识别等领域的广泛运用，本章引入了基于Vague集的产卵场水力微生境相似度量模型。该模型以齐口裂腹鱼产卵场水力微生境指标体系中的各指标为参数，通过计算修复后产卵场与天然产卵场的相似度，来评估修复方案的修复效果，为修复其他鱼类产卵场提供参考。

一、Vague集概念

定义1：设U是论域，x是它的任意一个元素，U上的一个Vague集A用一个真隶属函数t_A和假隶属函数f_A表示。其中：$t_A : U \rightarrow [0, 1]$，$f_A : U \rightarrow [0,$

1〕。其中，$t_A(x_i)$是由支持x的证据所导出的肯定隶属度的下界，$f_A(x_i)$则是由反对x的证据所导出的否定隶属度的下界，且$t_A(x_i)+f_A(x_i)\leq 1$，当U为离散空间时，Vague集A表示为：$A=\int_{x\in U}[t_A(x),1-f_A(x)]/x$。闭区间$[t_A(x)，1-f_A(x)]$称为$x$对Vague集$A$的Vague值，记作$A(x)$，即$A(x)=[t_A(x)，1-f_A(x)]$；如果没有指定某个Vague集，记元素$x$的Vague值为$x=[t_x，1-f_x]$。本书中的$U$为离散空间。

定义2：A与B是论域U上的两个Vague集，如果对任意的$x\in U$，都有$t_A(x)\leq t_B(x)$且$f_A(x)\geq f_B(x)$，则$A\subseteq B$且$B\subseteq A$，则$A=B$。

定义3：已知论域U上的元素x，y，z的Vague值分别为$x=[t_x，1-f_x]$，$y=[t_y，1-f_y]$，$z=[t_z，1-f_z]$，如果函数$m(x,y)$满足

$$\begin{cases} 0\leq m(x,y)\leq 1 \\ m(x,y)=m(y,x) \\ m(x,y)=1 \Leftrightarrow t_x=t_y，且f_x=f_y \\ m(x,y)=0 \Leftrightarrow x=[1,1]，y=[0,0]或x=[0,0]，y=[1,1] \\ t_x\leq t_y\leq t_z，f_x\geq f_y\geq f_z \Rightarrow m(x,z)\leq m(x,y)，m(x,z)\leq m(y,z) \end{cases}$$

则称$m(x,y)$是Vague值x与y之间的相似度量。

定义4：设论域U上的Vague集全体为V，对于A，B，$C\in V$，定义映射$M：V\times V\rightarrow[0,1]$，如果映射$M$满足

$$\begin{cases} 0\leq M(A,B)\leq 1 \\ M(A,B)=M(B,A) \\ M(A,B)=1 \Leftrightarrow A=B \\ M(A,B)=0 \Leftrightarrow A=\sum[a_i,a_i]/x_i且B=\sum[b_i,b_i]/x_i，a_i+b_i=1，a_i,b_i\in\{0,1\} \\ A\subseteq B\subseteq C \Rightarrow M(A,C)\leq M(A,B)，M(A,C)\leq M(B,C) \end{cases}$$

则称映射M为Vague集A和B的相似度量。

设Vague值$x=[t_x，1-f_x]$，$y=[t_y，1-f_y]$，满足$t_x+f_x\leq 1$，$t_y+f_y\leq 1$，则函数

$$m(x,y)=\frac{1}{2}+\frac{1}{2}\psi(x,y)-\frac{S(x,y)}{4}-\frac{|t_x-t_y|}{4} \qquad (2-7)$$

式中，

$$\psi(x,y) = \frac{(t_x \wedge t_y) + (f_x \wedge f_y) + (\pi_x \wedge \pi_y) + (u(x) \wedge u(y))}{(t_x \vee t_y) + (f_x \vee f_y) + (\pi_x \vee \pi_y) + (u(x) \vee u(y))}$$

$$S(x,y) = |t_x - t_y - f_x + f_y|$$

其中，$\pi_x = 1 - f_x - t_x$，$\pi_y = 1 - f_y - t_y$

$$u(x) = \frac{1}{2}(t_x + 1 - f_x)，u(y) = \frac{1}{2}(t_y + 1 - f_y)$$

式中，t——真隶属度；

$\quad\quad f$——假隶属度；

$\quad\quad \pi$——犹豫度；

$m(x, y)$——Vague值x与y之间的相似度量；

$\wedge$，$\vee$——取小运算与取大运算。

若A与B为论域U上的两个Vague集，$A(x_i)$与$B(x_i)$为$x \in U$对Vague集A和B的Vague值，n为论域U中元素个数，则

$$M(A,B) = \frac{1}{n}\sum_{i=1}^{n} m\left(A(x_i), B(x_i)\right) \tag{2-8}$$

式（2-8）为Vague集A与B相似度量；当$M(A, B) \in [0, 1]$时，$M(A, B)$值越大，表示Vague集A和B相似度越高。

二、产卵场微生境相似度的Vague集

齐口裂腹鱼产卵场水力微生境是一个多指标的集合，各指标过大或过小都不利于鱼类繁殖；衡量水域是否具有产卵场的水力特征，涉及较多模糊概念的度量与表征。四川大学生态环境所首次提出了基于Vague集齐口裂腹鱼产卵场水力微生境相似度模型，该模型以齐口裂腹鱼产卵场水力微生境指标体系中的各指标为参数，评估新建产卵场（设为A）与天然产卵场（设为B）的相似度。Vague集A和B的相似度可采用彭祖明等提出的相似度量公式。

齐口裂腹鱼修复产卵场水力微生境可用指标集$U=\{u_1, u_2, u_3, u_4, u_5, u_6, u_7\}$

表达，其中，$u_1 \sim u_7$分别代表水深、流速、流速梯度、动能梯度、弗劳德数、平面平均涡量以及垂直平均涡量；令指标u_i的临界区间为A，指标u_i在A中的Vague集及犹豫度表示如下：

$$v_A(u_i) = \left\{ \left(u_i, \left[t_A(u_i), 1 - f_A(u_i) \right] \right) \right\} \tag{2-9}$$

$$\pi_A(u_i) = 1 - t_A(u_i) - f_A(u_i) \tag{2-10}$$

式中，$t_A(u_i)$——支持u_i属于临界区间A的隶属度；

　　　$f_A(u_i)$——反对u_i属于临界区间A的隶属度；

　　　π_A——既不支持也不反对的犹豫度。

而天然产卵场水力微生境可用指标集$\tilde{U} = \{\tilde{u}_1, \tilde{u}_2, \tilde{u}_3, \tilde{u}_4, \tilde{u}_5, \tilde{u}_6, \tilde{u}_7\}$表达，指标$\tilde{u}_i$在$B$中的Vague集及犹豫度表示如下：

$$v_B(\tilde{u}_i) = \left\{ \left(\tilde{u}_i, \left[t_B(\tilde{u}_i), 1 - f_B(\tilde{u}_i) \right] \right) \right\} \tag{2-11}$$

$$\pi_B(\tilde{u}_i) = 1 - t_B(\tilde{u}_i) - f_B(\tilde{u}_i) \tag{2-12}$$

修复产卵场水力微生境指标u_i的Vague值与天然产卵场水力微生境指标$\tilde{u}_i$的Vague值的Vague集相似度即产卵场水力微生境相似度（S_{SIM}），表达式为

$$S_{\text{SIM}_i} = M_i(u_i, \tilde{u}_i) \quad i = 1, 2, \cdots, 7 \tag{2-13}$$

$M_i(u_i, \tilde{u}_i)$的表达式为

$$M_i(u_i, \tilde{u}_i) = \frac{1}{2} + \frac{1}{2}\psi(u_i, \tilde{u}_i) - \frac{S(u_i, \tilde{u}_i)}{4} - \frac{\left| t_A(u_i) - t_B(\tilde{u}_i) \right|}{4} \tag{2-14}$$

其中，

$$\psi(u_i, \tilde{u}_i) = \frac{(t_A(u_i) \wedge t_B(\tilde{u}_i)) + (f_A(u_i) \wedge f_B(\tilde{u}_i)) +}{(t_A(u_i) \vee t_B(\tilde{u}_i)) + (f_A(u_i) \vee f_B(\tilde{u}_i)) +} \rightarrow$$

$$\leftarrow \frac{(\pi_A(u_i) \wedge \pi_B(\tilde{u}_i)) + (h_A(u_i) \wedge h_B(\tilde{u}_i))}{(\pi_A(u_i) \vee \pi_B(\tilde{u}_i)) + (h_A(u_i) \vee h_B(\tilde{u}_i))}$$

$$\pi_A(u_i) = 1 - t_A(u_i) - f_A(u_i) \ , \quad \pi_B(\tilde{u}_i) = 1 - t_B(\tilde{u}_i) - f_B(\tilde{u}_i)$$

$$h(u_i) = \frac{1}{2}\left(t_A(u_i) + 1 - f_A(u_i)\right)$$

$$S(u_i, \tilde{u}_i) = \left| t_A(u_i) - t_B(\tilde{u}_i) - f_A(u_i) + f_B(\tilde{u}_i) \right|$$

$$u(\tilde{u}_i) = \frac{1}{2}\left(t_B(\tilde{u}_i) + 1 - f_B(\tilde{u}_i)\right)$$

齐口裂腹鱼产卵场水力微生境指标由水深、流速、流速梯度、动能梯度、弗劳德数、平面平均涡量及垂直平均涡量7个水力学指标组成，在进行产卵场水力微生境综合相似度比较时，可采用式（2-15）来计算水力微生境综合相似度。

$$S_{\text{SIM}}(A, B) = \frac{1}{n}\sum_{i=1}^{n} m\left(A(u_i), B(\tilde{u}_i)\right) \qquad （2\text{-}15）$$

本书主要采用二维数值模拟丁坝的修复效果；因此，在相似度计算方面，只采用前6个指标进行相似度计算。综合相似度SIM值越大，表示修复产卵场和天然产卵场水力微生境越相似。

三、微生境相似度评估标准

参照国外产卵场修复标准，构建齐口裂腹鱼产卵场微生境相似度标准，见表2-3。

表2-3　齐口裂腹鱼产卵场微生境相似度标准

SIM 值范围	[0,0.15)	[0.15,0.35)	[0.35,0.65)	[0.65,0.75)	[0.75,1.00]
微生境 相似度	极低	较低	低	一般	高

第三节　产卵场微生境二维深度平均模型

齐口裂腹鱼产卵场通常位于水深较小而流速较大的水域，这些水域垂向上水力参数变化较小，因此，可采用River 2D模型来模拟产卵场水力参数的分布。River 2D模型包含河流水动力学模型与鱼类生境的二维深度平均模型两个模块。

一、基本方程

River 2D的水动力学模型是基于二维平均水深的圣维南方程，下面三个方程分别代表了水体的质量守恒方程和两个方向的动量守恒方程。

（1）连续方程。

$$\frac{\partial \bar{H}}{\partial t} + \frac{\partial q_x}{\partial x} + \frac{\partial q_y}{\partial y} = 0 \tag{2-16}$$

（2）x方向动量方程。

$$\frac{\partial q_x}{\partial t} + \frac{\partial}{\partial x}\left(\bar{U} q_x\right) + \frac{\partial}{\partial y}\left(\bar{V} q_x\right) + \frac{g}{2}\frac{\partial \bar{H}^2}{\partial x} = g\bar{H}\left(S_{ox} - S_{fx}\right) + \frac{1}{\rho}\left(\frac{\partial}{\partial x}\left(\bar{H}\tau_{xx}\right)\right) + \frac{1}{\rho}\left(\frac{\partial}{\partial y}\left(\bar{H}\tau_{xy}\right)\right) \tag{2-17}$$

（3）y方向动量方程。

$$\frac{\partial q_y}{\partial t} + \frac{\partial}{\partial x}\left(\bar{U} q_y\right) + \frac{\partial}{\partial y}\left(\bar{V} q_y\right) + \frac{g}{2}\frac{\partial \bar{H}^2}{\partial y} = g\bar{H}\left(S_{oy} - S_{fy}\right) + \frac{1}{\rho}\left(\frac{\partial}{\partial y}\left(\bar{H}\tau_{yx}\right)\right) + \frac{1}{\rho}\left(\frac{\partial}{\partial y}\left(\bar{H}\tau_{yy}\right)\right) \tag{2-18}$$

式中，$\bar{H}$——水流平均深度；

$\bar{U}$，$\bar{V}$——x，y方向平均速度；

q_x，q_y——x，y方向单位宽度的流量；

g——重力加速度；

ρ——水流的密度；

S_{ox}，S_{oy}——x，y方向河床坡度；

S_{fx}，S_{fy}——相应的摩擦阻力；

τ_{xx}，τ_{yy}，τ_{xy}，τ_{yx}——相应的水平剪切应力。

二、河床阻力模型

河床阻力由河床剪力决定，而河床剪力与水深方向的平均流速有关。x 和 y 方向的河床阻力公式为

$$S_{fx} = \frac{\tau_{bx}}{\rho g \bar{H}} = \frac{\left(\bar{U}^2 + \bar{V}^2\right)^{1/2}}{g\bar{H}C_s^2}\bar{U} \qquad (2\text{-}19)$$

$$S_{fy} = \frac{\tau_{by}}{\rho g \bar{H}} = \frac{\left(\bar{U}^2 + \bar{V}^2\right)^{1/2}}{g\bar{H}C_s^2}\bar{V} \qquad (2\text{-}20)$$

其中，C_s参数受边界的有效粗糙高度K_s和水深影响，即

$$C_s = 5.75\log\left(12\bar{H}/K_s\right) \qquad (2\text{-}21)$$

K_s可用式（2-22）表示：

$$K_s = 12\bar{H}/e^m \qquad (2\text{-}22)$$

而m可表示为

$$m = \frac{\bar{H}^{1/2}}{2.5ng^{1/2}} \qquad (2\text{-}23)$$

三、水平剪切应力模型

水深方向平均的横向紊动剪切力表达式为

$$\tau_{xy} = \nu_t\left(\frac{\partial \bar{U}}{\partial y} + \frac{\partial \bar{V}}{\partial x}\right) \qquad (2\text{-}24)$$

式中，v_t——涡黏系数，由常数、河床剪力产生项及横向剪力产生项组成。

$$v_t = \varepsilon_1 + \varepsilon_2 + \frac{\bar{H}\left(\bar{U}^2 + \bar{V}^2\right)}{C_s} + \varepsilon_3^2 \bar{H}^2 \left[2\frac{\partial \bar{U}}{\partial x} + \left(\frac{\partial \bar{U}}{\partial y} + \frac{\partial \bar{V}}{\partial x}\right)^2 + 2\frac{\partial \bar{V}}{\partial y}\right] \quad （2\text{--}25）$$

式中，ε_1、ε_2与ε_3为自定义系数。ε_1默认值为0，用于描述式（2–25）中第二项不能描述的流量；合理ε_1值，可以通过式（2–25）中的第二项，使用平均流量条件（平均流量的深度和平均速度）计算得到。

四、基本假定及模型求解

River 2D模型为河流水动力学和鱼类生境的二维深度平均模型，此模型必须满足垂向压强符合静水压强分布，水深方向的水平流速为常数，同时忽略科氏力和风应力。该模型通过流线迎风伽辽金加权残差隐格式有限元法求解，保证在所有流动情况下求解的稳定性，可灵活处理复杂边界条件的河段。通过收敛条件判断数（CFL）判断时间步长是否合理。

$$\Delta t < \min\left(\frac{\Delta x}{|\bar{V}| + \sqrt{g\bar{H}}}\right) \quad （2\text{--}26）$$

River 2D模型已经得到一系列的理论、试验和野外观测调查结果的验证。

第四节　本章小结

在鱼卵产卵场修复过程中，科学合理的产卵场水力微生境指标，是评估鱼类产卵场水力特性的前提，也是从定性走向定量研究的关键环节。齐口裂腹鱼产卵场水力微生境是一个多指标的集合，各指标过大或过小都不利于鱼类繁殖；衡量水域是否具有产卵场的水力特征，涉及较多模糊概念的度量与表征。本章利用Vague集建立修复后产卵场水力微生境相似度模型，参照国外产卵场修复案例，构建齐口裂腹鱼产卵场修复后微生境相似度标准；同时，本章给出了丁坝修复产卵场水力微生境的二维计算模型。

第三章 产卵场垂直涡量指标提取

齐口裂腹鱼的受精率能否提高不取决于一个平面平均涡量指标,而由平面涡量与垂向涡量共同度量决定。根据研究结果,单位面积的卵浓度与断面平均涡量之间呈明显的正相关趋势;涡旋可以增强鱼类精卵的掺混强度,提高受精率,而提高受精率是修复鱼类产卵场的重中之重,因此,很有必要提取垂直涡量指标。

本章根据实测的渭门乡齐口裂腹鱼天然产卵场水下地形,采用CLSVOF模型对渭门乡天然产卵场河段水体进行模拟,并以垂直断面平均涡量为样本,利用Wilcoxon秩和检验区分产卵河段与非产卵河段。在此基础上,提出了齐口裂腹鱼产卵场垂直断面的平均涡量范围,从而完善了齐口裂腹鱼水力生境指标体系,为今后进行深入研究和采用生态丁坝等方式构建齐口裂腹鱼自然繁殖的水力学环境提供依据。

第一节 Level Set和VOF的耦合模型

两相流动是指气体、液体、固体三个相中的任意两个相组合在一起,具有相间界面的流动体系。在气液两相流动中,两相介质都是流体,各自都有相应的流动参数。另外,由于两相介质之间的相互作用,还出现了一些相互关联的参数。为了便于两相流动计算和试验数据的处理,还常常使用折算参数(或称虚拟参数),这使得两相流动的参数比单相流动复杂得多。本节对用于气液相界面追踪的VOF方法和Level Set方法的基本原理、存在的问题及其产生的原因等进行分析;在此基础上,基于Level Set和VOF耦合(CLSVOF)方法的基本思想,对相界面追踪的复合Level Set-VOF方法进行研究;对相函数初始化方法、相界面构造方法、Level Set相函数φ的重新距离化方法等关键求解过程进行研究,实现相界面追踪的复合Level Set-VOF方法的数值求解。

一、VOF与Level Set方程

VOF方法对相界面的追踪属于容积跟踪法的范畴，在VOF方法中，用函数表示相函数，其物理意义为计算单元中液态流体占据单元空间的体积分数；通过F函数表征流场中各相的分布，并通过相分布计算相界面的位置和方向，F函数的定义如式（3-1）所示：

$$F(x,t) = \begin{cases} 0 & （气态区） \\ 0 < F < 1 & （混合区） \\ 1 & （液态区） \end{cases} \qquad （3-1）$$

流体不可压时，函数的质量守恒方程可以表达为

$$\frac{\partial F}{\partial t} + (\vec{u} \cdot \nabla) F = 0 \qquad （3-2）$$

式中，$\vec{u}$——底层速度场；

x——空间位置。

式（3-2）反映的是对流作用对函数变化的影响，因此，将式（3-2）称为F函数的对流输运方程，F函数在相界面处不连续，不能进行求导运算；由于$\nabla \cdot (\vec{u}F) = F(\nabla \cdot \vec{u}) + (\vec{u} \cdot \nabla) F$，因此，为方便对流输运方程的求解，将式（3-2）改写为

$$\frac{\partial F}{\partial t} + \nabla \cdot (\vec{u}F) = F(\nabla \cdot \vec{u}) \qquad （3-3）$$

VOF方法可以表示复杂相界面的结构及其变化，计算相对简单，相界面的锐利程度相对较高；但函数在相界面处的不连续会导致解的振荡或参数的陡峭变化被抹平，难以准确计算相界面法向方向、曲率及与曲率有关的物理量。

Level Set方法主要是从界面传播等研究领域中逐步发展起来的，它是处理封闭运动界面随时间演化过程中几何拓扑变化的有效计算工具；Level Set函数φ被认为是一个带有符号距离的界面，因此，这个界面是零水平集$\varphi(x, t)$，它

在两相流系统中可以表示为 $\Gamma = \left\{ x \middle| \varphi(x, t) = 0 \right\}$，其中：

$$\varphi(x, t) = \begin{cases} +|d| & x \in 主相 \\ 0 & x \in \Gamma \\ -|d| & x \in 二次相 \end{cases} \tag{3-4}$$

式中，d——界面的距离。

界面的法向与曲率，必须计算表面张力，通常用如下公式计算：

$$\bar{n} = \left. \frac{\nabla \varphi}{|\nabla \varphi|} \right|_{\varphi=0} \tag{3-5}$$

$$\kappa = \left. \nabla \cdot \frac{\nabla \varphi}{|\nabla \varphi|} \right|_{\varphi=0} \tag{3-6}$$

根据VOF模型同样可以推求出水平集函数：

$$\frac{\partial \varphi}{\partial t} + \nabla \cdot (\vec{u}\varphi) = 0 \tag{3-7}$$

$$\frac{\partial(\rho \vec{u})}{\partial t} + \nabla \cdot (\rho \vec{u}\vec{u}) = -\nabla p + \nabla \cdot \mu \left[\nabla \vec{u} + (\nabla \vec{u})^{\mathrm{T}} \right] - \sigma \kappa \delta(\varphi)\nabla \varphi + \rho g \tag{3-8}$$

其中，$\delta(\varphi) = \dfrac{1 + \cos(\pi \varphi / \alpha)}{2\alpha}$。

若 $|\varphi| < \alpha$ 且 $\alpha = 1.5h$（h为网格间距），则 $\delta(\varphi) = 0$，σ 是表面张力系数。

二、CLSVOF界面捕捉方法

在进行两相流动数值模拟时，以往采用的相参数主要包括浓度、容积含气率、截面含气率、容积气流率以及Level Set函数 φ 等；由于上述参数都是用于对相或者相分布进行描述，因此可统称为相函数。选取的相函数不同是各种相界面追踪方法优劣的根本原因之一。本节将从相函数物理意义出发，对用于相界面追踪的VOF方法和Level Set方法的基本原理及存在的问题进行分析。

两相流相界面追踪方法主要有PIC法、MAC法、VOF方法和Level Set方法等。其中，VOF方法和Level Set方法的应用较为普遍，两种方法均有各自的优势，也存在本身不可能克服的缺陷。从VOF方法和Level Set方法的比较分析中可以看出：VOF方法的优点在于可以表示复杂界面的结构和变化，计算相对简单，相界面的锐利程度相对较高；缺点在于F函数在相界面处的不连续会导致解的振荡或参数的陡峭变化被抹平，难以准确计算相界面法向方向、曲率以及与曲率有关的物理量。Level Set方法的优点在于求解思路清晰，相界面可以用φ函数的零点值位置表示，φ函数为连续函数，便于相界面曲率、法向向量、表面张力等参数的计算；缺点则在于计算后的φ函数不再具有距离函数的特征，该问题会导致质量不守恒。

巧合的是，VOF方法和Level Set方法的优缺点正好可以互补：VOF方法可以避免Level Set方法中质量不守恒的问题；而Level Set方法则可以优化VOF方法中函数在相界面处的不连续导致的求解曲率及其相关量的精度较低等问题。而这正是CLSVOF方法的基本思想。参考CLSVOF方法的基本思想，根据VOF和Level Set两种方法的各自特点，提出用于相界面追踪的复合Level Set-VOF方法：将VOF方法和Level Set方法在追踪相界面时的各自优势结合起来；在构造相界面时，综合考虑F函数和φ函数，以构造锐利程度高的相界面；利用函数φ计算相界面的曲率及其相关量，以提高相界面参数的求解精度；通过构造的相界面更新流场中的φ函数，以克服Level Set方法对对流输运方程求解时的质量不守恒问题。

目前，在研究气液两相流动问题时，相界面的追踪主要采用VOF方法和Level Set方法。已有研究结果表明，VOF方法和Level Set方法在数值计算稳定性、收敛性以及精确性等方面都存在一定问题。近年来，一些学者提出了结合VOF和Level Set两种相界面追踪方法优点的CLSVOF相界面追踪方法的基本思想，以期达到精确追踪相界面的目的。CLSVOF方法可以看作对VOF方法或者Level Set方法的一种改进；CLSVOF方法的基本思想与前述类似，但是在相函数初始化方法、相界面构造方法以及Level Set相函数重新距离化方法等方面则与前述方法有所不同。

图3–1为VOF和Level Set方法相界面追踪流程图。两相流动相界面追踪的

实质是根据每个单元的相态属性给定其相态标志，而后通过相态标志的差异对相界面的位置及形状进行判定。相界面追踪方法的差异主要体现在相态标志的物理含义及其使用方式的不同。气液两相流动相界面附近流体的物性参数存在较大阶跃，气液两相流动的结构和宏观特性与气液相界面的分布密切相关，气液相界面的形状直接决定着相界面曲率及其相关量的计算，是表面张力计算和控制方程求解的基础。因此，在对气液两相流动问题进行理论分析和数值求解时，必须首先确定相界面的位置。在气液两相流动过程中，气液相界面位置及其形态的变化受两相流体动力学控制，可能发生迁移、变形、破碎以及合并等现象；如何追踪气液相界面的位置及其变化是气液两相流动研究的基础和关键问题。CLSVOF模型已经得到一系列的理论和试验的验证。CLSVOF方法流程图如图3-2所示。

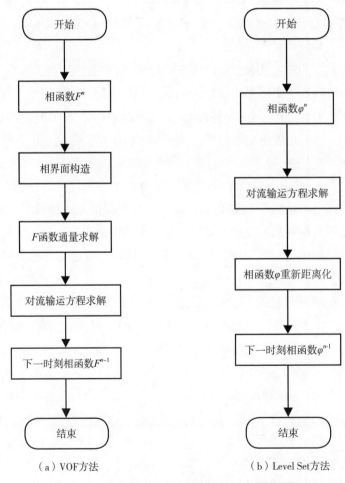

（a）VOF方法　　　　　　　　（b）Level Set方法

图3-1　VOF和Level Set方法相界面追踪流程图

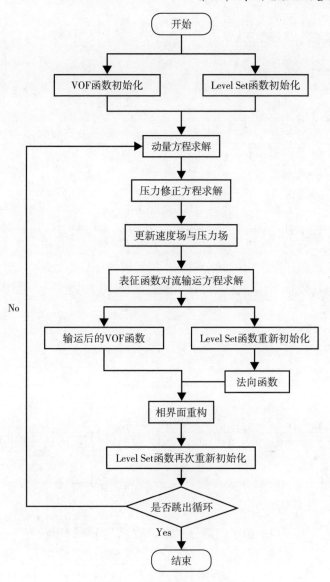

图3-2　CLSVOF方法流程图

三、CLSVOF方程离散

由于动量方程、能量方程、组分输运方程和湍动能方程都同时可由一个标量输运方程的通用表达式表示，因此，可以将这个通用表达式分成四项——瞬态项、对流项、扩散项以及源项。为了便于离散化方法的描述，引入变量，通用表达式可写成如下形式：

$$\frac{\partial}{\partial t}\left(\rho C_{\phi}\right)+\frac{\partial}{\partial x}\left(\rho V_{x}C_{\phi}\phi\right)+\frac{\partial}{\partial y}\left(\rho V_{y}C_{\phi}\phi\right)+\frac{\partial}{\partial z}\left(\rho V_{z}C_{\phi}\phi\right)=$$

$$\frac{\partial}{\partial x}\left(\Gamma_{\phi}\frac{\partial\phi}{\partial x}\right)+\frac{\partial}{\partial y}\left(\Gamma_{\phi}\frac{\partial\phi}{\partial y}\right)+\frac{\partial}{\partial z}\left(\Gamma_{\phi}\frac{\partial\phi}{\partial z}\right)+S_{\phi} \tag{3-9}$$

式中，C_{ϕ}——瞬态和对流系数；

$\quad\quad\Gamma_{\phi}$——扩散系数；

$\quad\quad S_{\phi}$——源项。

式（3-9）可写成如下形式：

$$\left(\left[A_{e}^{\text{transient}}\right]+\left[A_{e}^{\text{advection}}\right]+\left[A_{e}^{\text{diffusion}}\right]\right)\{\phi_{e}\}=\{S_{e}^{\phi}\} \tag{3-10}$$

加权残值伽辽金法构成元素积分，用元素的加权函数 W^{e} 来表示。

（1）瞬态项（transient term）。瞬态项的一般形式如下：

$$\left[A_{e}^{\text{transient}}\right]=\int W^{e}\frac{\partial\left(\rho C_{\phi}\phi\right)^{e}}{\partial t}\mathrm{d}(\text{vol}) \tag{3-11}$$

在节点 i:

$$\int W_{i}^{e}\frac{\partial\left(\rho C_{\phi}\phi\right)^{e}}{\partial t}\mathrm{d}(\text{vol})=\int W_{i}^{e}\rho C_{\phi}W_{j}^{e}\mathrm{d}(\text{vol})\frac{\partial\phi_{j}^{e}}{\partial t}+\int W_{i}^{e}\frac{\partial\left(\rho C_{\phi}\right)}{\partial t}W_{j}^{e}\mathrm{d}(\text{vol})\phi_{j}^{e} \tag{3-12}$$

式中，i, j——节点号。

如果将式（3-12）的第二部分忽略，质量矩阵可以表示为

$$\boldsymbol{M}_{ij}=\int W_{i}^{e}\rho C_{\phi}W_{j}^{e}\mathrm{d}(\text{vol}) \tag{3-13}$$

在式（3-13）中加上一个克罗内克函数，则一个集中质量近似可用式（3-14）表示：

$$\boldsymbol{M}_{ij}=\delta_{ij}\int W_{i}^{e}\rho C_{\phi}W_{j}^{e}\mathrm{d}(\text{vol}) \tag{3-14}$$

其中，

$$\delta_{ij}=\begin{cases}0 & i\neq j\\1 & i=j\end{cases}$$

此时，有两种时间积分方法：Newmark积分法和Backward积分法。对于Newmark时间积分法，需在节点处采用隐式算法，即需用到当前时间步长中的第n个时间步长及（$n-1$）个时间步长的结果。

$$(\rho\phi)_n = (\rho\phi)_{n-1} + \Delta t\left[\delta\left(\frac{\partial(\rho\phi)}{\partial t}\right)_n + (1-\delta)\left(\frac{\partial(\rho\phi)}{\partial t}\right)_{n-1}\right] \quad （3-15）$$

令δ为Newmark积分法的时间积分系数，则上式可被改写为

$$\left(\frac{\partial(\rho\phi)}{\partial t}\right)_n = \frac{1}{\Delta t\delta}(\rho\phi)_{n-1} - \frac{1}{\Delta t\delta}(\rho\phi)_n + \left(1-\frac{1}{\delta}\right)\left(\frac{\partial(\rho\phi)}{\partial t}\right)_{n-1} \quad （3-16）$$

而对于Backward积分法，则需在节点采用隐式算法，即需用到当前时间步骤中的第n个时间步长与（$n-1$），（$n-2$）个时间步长的结果。

$$\frac{\partial(\rho\phi)}{\partial t} = \frac{(\rho\phi)_{n-2}}{2\Delta t} - \frac{4(\rho\phi)_{n-1}}{2\Delta t} + \frac{3(\rho\phi)_n}{2\Delta t} \quad （3-17）$$

对于VOF，仅需对上述方程中第（$n-1$）个时间步长作必要的修改：

$$\frac{\partial(\rho\phi)}{\partial t} = \frac{(\rho\phi)_n}{\Delta t} - \frac{(\rho\phi)_{n-1}}{\Delta t} \quad （3-18）$$

上面的一阶时间差分格式与当前的VOF算法一致，瞬态值为第n个时间步长对角线元素矩阵产生的值与（$n-1$）个时间步长对角线元素矩阵产生的值之差。

（2）对流项（advection term）。对流项基于单纯的对流输送，沿特征线通过单调的简化方法处理。其处理方法如图3-3所示。

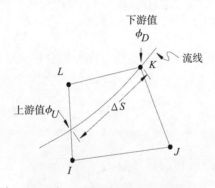

图3-3 流线迎风格式示意图

速度场本身可以设想为与速度矢量相切的流线，因此，对流项可以表示为流线速度。对于单纯扩散输运，假设在特征线之间不发生扩散输运，即扩散输运仅沿着流线。因此，人们可能会认为对流项可用下式表示：

$$\frac{\partial\left(\rho C_\phi V_x\phi\right)}{\partial x}+\frac{\partial\left(\rho C_\phi V_y\phi\right)}{\partial y}+\frac{\partial\left(\rho C_\phi V_z\phi\right)}{\partial z}=\frac{\partial\left(\rho C_\phi V_s\phi\right)}{\partial s} \qquad (3-19)$$

当表示沿流线是恒定的整个元素时，式（3-19）可改写成

$$\left[A_e^{\text{advection}}\right]=\frac{\mathrm{d}\left(\rho C_\phi V_s\phi\right)}{\mathrm{d}s}\int W^e\mathrm{d}(\text{vol}) \qquad (3-20)$$

对流扩散项由每一个元素以及一个从内部元素获得的节点组成，其导数可以通过一个简单的差分计算：

$$\frac{\mathrm{d}\left(\rho C_\phi V_s\right)}{\mathrm{d}s}=\frac{\left(\rho C_\phi V_s\right)_U-\left(\rho C_\phi V_s\right)_D}{Ds} \qquad (3-21)$$

式中，D——下游节点值；

$\quad\quad U$——上游节点值；

$\quad\quad \Delta s$——上下游节点之间的距离。

（3）扩散项（diffusion terms）。对于扩散项，可以表示为整个研究域加权函数的积分：

$$\begin{aligned}D_\phi^e=&\int W^e\frac{\partial}{\partial x}\left(\Gamma_\phi\frac{\partial\phi}{\partial x}\right)\mathrm{d}(\text{vol})+\int W^e\frac{\partial}{\partial y}\left(\Gamma_\phi\frac{\partial\phi}{\partial y}\right)\mathrm{d}(\text{vol})+\\&\int W^e\frac{\partial}{\partial z}\left(\Gamma_\phi\frac{\partial\phi}{\partial z}\right)\mathrm{d}(\text{vol})\end{aligned} \qquad (3-22)$$

x，y，z都以类似的方式处理，在x方向上部分积分可以写成

$$\int W^e\frac{\partial}{\partial x}\left(\Gamma_\phi\frac{\partial\phi}{\partial x}\right)\mathrm{d}(\text{vol})=\int\frac{\partial W^e}{\partial x}\Gamma_\phi\frac{\partial\phi}{\partial x}\mathrm{d}(\text{vol}) \qquad (3-23)$$

当ϕ的导数被节点值和加权函数的导数所取代，节点值将会从积分中被删除：

$$\frac{\partial \phi}{\partial x} = W_x^e \phi \qquad (3\text{-}24)$$

$$W_x^e = \frac{\partial W^e}{\partial x} \qquad (3\text{-}25)$$

从而扩散矩阵可以表示为

$$\left[A_e^{\text{diffusion}}\right] = \int W_x^e \Gamma_\phi W_x^e + W_y^e \Gamma_\phi W_y^e + W_z^e \Gamma_\phi W_z^e \, \mathrm{d}(\text{vol}) \qquad (3\text{-}26)$$

（4）源项（source terms）。源项为加权函数乘以源项的体积积分，可用下式表示：

$$S_\phi^e = \int W^e S_\phi \mathrm{d}(\text{vol}) \qquad (3\text{-}27)$$

第二节　涡量计算方法

一、涡量定义

涡量是指流场中任何一点微团角速度的二倍，是一个纯运动学的概念。涡运动是流体中最普遍的一种运动形式，在河流中受地形等的影响存在各种尺度和形式的涡。在流体力学中，速度的旋度简称为涡量，可用来表征有旋运动的强度。

1869年，Thomson首先引进了有旋流动中的速度环量。在三维流动中，流体微团可以有三个方向的角速度——ω_x，ω_y，ω_z，三者合为一个合角速度可表示为

$$\vec{\omega} = \omega_x \vec{i} + \omega_y \vec{j} + \omega_z \vec{k} , \quad |\vec{\omega}| = \omega = \sqrt{\omega_x^2 + \omega_y^2 + \omega_z^2} \qquad (3\text{-}28)$$

则

$$\text{rot}\vec{u} = 2\vec{\omega} = \nabla \times \vec{u} \qquad (3\text{-}29)$$

在三维空间中的封闭曲线L上，计算的速度环量仍等于二倍角速度乘以围线所包围的面积，但这个面积应取其在与涡线相垂直的平面上的投影值。沿

一块有限大的曲面S的围线L的环量仍等于S面上各点的二倍角速度与面积dS点积。即

$$\Gamma = \oint_L \vec{u} \cdot d\vec{s} = \iint_S 2\omega \cdot d\vec{S} = \iint_S \mathrm{rot}\,\vec{u} \cdot d\vec{S}$$ （3-30）

而线段ds也分解成dx，dy，dz三个方向的三个线段，即

$$\vec{u} \cdot ds = \boldsymbol{u}dx + \boldsymbol{v}dy + \boldsymbol{w}dz$$ （3-31）

式中，$\boldsymbol{u}$，$\boldsymbol{v}$与$\boldsymbol{w}$——速度向量$\vec{u}$三个坐标轴方向的三个分量。

其实，这个公式是斯托克斯公式，描述曲线积分与曲面积分之间的关系，即沿空间封闭曲线L的环量，等于穿过在L上任意曲面S上的涡通量，涡通量的数值与所在的曲面形状无关，只跟围线所包含的涡量有关。

$$\Gamma = \oint_L \vec{u} \cdot d\vec{s} = \int_S \left[\left(\frac{\partial \boldsymbol{w}}{\partial y} - \frac{\partial \boldsymbol{v}}{\partial z} \right)\cos(n,x) + \left(\frac{\partial \boldsymbol{u}}{\partial z} - \frac{\partial \boldsymbol{w}}{\partial x} \right)\cos(n,y) + \left(\frac{\partial \boldsymbol{v}}{\partial x} - \frac{\partial \boldsymbol{u}}{\partial y} \right)\cos(n,z) \right] dS$$

（3-32）

式中，n——法线。

二、断面平均涡量

断面平均涡量定义为

$$\overline{\Omega} = \frac{\Gamma}{A_{\mathrm{TOT}}} = \frac{\iint_S \Omega \Delta A}{A_{\mathrm{TOT}}} = \frac{\sum \Omega \Delta A}{A_{\mathrm{TOT}}} = \frac{\sum \left[\frac{\Delta w}{\Delta y} - \frac{\Delta v}{\Delta z} \right] \Delta y \Delta z}{\sum \Delta y \Delta z}$$ （3-33）

式中，A_{TOT}——闭合曲线所包围的面积；

Ω——单元涡量；

Δw——z方向速度在y方向上的变化；

Δv——y方向速度在z方向上的变化；

Δy，Δz——以上变化的相应距离。

涡运动在鱼类繁殖过程中具有重要作用，鱼类产卵对断面平均涡量及平面

平均涡量均具有一定的选择性；已有研究结果表明，中华鲟会偏向选择具有较大断面平均涡量位置的上游深度适宜的水域产卵，单位面积上的卵浓度随着断面平均涡量的增加而增加。

第三节　垂直涡量指标

选择渭门乡下游部分河段为计算区域，4月该河段日流量为106.5 m³/s，入口水位为1587.73 m，出口水位为1583.63 m，河床宽度为45.3～81.6 m。根据实测的岷江上游渭门乡产卵场河道地形，产卵河段纵向坡降较大，约为0.01；对于横断面形态，产卵河段岸坡坡度较小，边滩长度比例较非产卵河段大。渭门乡产卵河段最大水深为2.87 m，非产卵河段最大水深为5.96 m；总的来说，产卵河段水深较非产卵河段小。

本节为分析渭门乡齐口裂腹鱼产卵河段的垂直涡量水力特性，在产卵河段和非产卵河段分别选择三个典型断面统计其垂直涡量。为进一步确定产卵河段和非产卵河段水力生境因子分布特点不同，下面采用Wilcoxon秩和检验来区分产卵河段与非产卵河段垂直断面平均涡量分布特点。

一、Wilcoxon秩和检验

Wilcoxon秩和检验是用来比较两个总体分布函数是否相等的检验方法。设有两个总体，其分布函数分别是$F(x)$与$F(y)$，检验假设

$$H_0 : F(x) = F(y) ; \quad H_1 : F(x) \neq F(y) \quad\quad （3-34）$$

首先引入秩的概念：设两个独立样本为X，Y。X的样本容量为n_1，x_1，x_2，x_3，$\cdots$，x_{n1}为样本观测值；Y样本容量为n_2，y_1，y_2，y_3，$\cdots$，y_{n2}为样本观测值；在容量$n=n_1+n_2$的混合样本中，X样本的秩和为W_x，Y样本的秩和为W_y，且有

$$W_x + W_y = 1 + 2 + \cdots + n = \frac{n(n+1)}{2} \quad\quad （3-35）$$

设

$$W_1 = W_x - \frac{n_1(n_1+1)}{2} \quad\quad （3-36）$$

$$W_2 = W_y - \frac{n_2(n_2+1)}{2} \qquad (3-37)$$

在原假设为真的条件下，不能求出W_1和W_2的概率分布，显然它们的分布还是相同的，此分布称为样本大小为n_1和n_2的Mann-Whitney-Wilcoxon分布。

一个具有实际价值的方法是，对于每个样本中的观察数大于8的大样本来说，可以采用标准正态分布Z来近似检验。由于W_1的中心点为$\frac{n_1 n_2}{2}$，根据W_x中心点

$$\mu = \frac{n_1 n_2}{2} + \frac{n_1(n_1+1)}{2} = \frac{n_1(n_1+n_2+1)}{2} \qquad (3-38)$$

W_x的方差σ^2从数学上可推导得

$$\sigma^2 = \frac{n_1 n_2(n_1+n_2+1)}{12} \qquad (3-39)$$

如果样本中存在结值，将影响式（3-39）中的方差，按照结值调整方差的公式为

$$\sigma^2 = \frac{n_1 n_2(n_1+n_2+1)}{12} - \frac{n_1 n_2 \sum(T_j^3 - T_j)}{12(n_1+n_2+1)} \qquad (3-40)$$

其中，T_j为第j个结值的个数，结值的存在将原方差变小，显然成立。其标准化后为

$$Z = \frac{W_x - \mu \pm 0.5}{\sigma} = \frac{W_x - \dfrac{n_1(n_1+n_2+1)}{2} \pm 0.5}{\sqrt{\dfrac{n_1 n_2(n_1+n_2+1)}{12} - \dfrac{n_1 n_2 \sum(T_j^3 - T_j)}{12(n_1+n_2)(n_1+n_2+1)}}} \sim N(0,1) \quad (3-41)$$

秩和检验统计量：原假设H_0为产卵断面和非产卵河段垂直涡量分布相同，则备选假设H_1为两类别的总体分布不相同。将一个产卵断面的垂直涡量在两类样本中的表达水平混合，从小到大排序，排序号称为"秩"，相同数值的用平均秩表示。混合之后样本容量为$N=n_1+n_2$，用$w_j=W(y_j)$表示Y_j在混合样本中的秩。取出样本量用n_1表示，计算该类的秩和W的期望值是$\frac{n_1(n_1+n_2+1)}{2}$，其中

n_2 为另一类的样本量。因此，W 与 $\dfrac{n_1(n_1+n_2+1)}{2}$ 相差越大，H_0 成立的可能性就越小。当 W 超出临界范围时，就否定 H_0；若 H_0 成立，W 的值应该适中。注意每断面样本的秩的平均值为 $\dfrac{(n+1)}{2}$，故 H_0 成立时，$E(W)=\dfrac{n_1(n+1)}{2}$，W 的值在此值附近应该是正常的。若 W 的值异常偏大，说明第二个总体确有增加效应。

为进一步确定产卵河段和非产卵河段水力生境因子分布特点不同，采用秩和检验方法对其进行验证。秩和统计量的临界值可以通过编程或 SPSS 软件来计算，对其双侧的秩和检验，如果返回临界值小于求出的秩和，则拒绝原假设，认为 $H_1:\Delta\neq 0$ 成立；如果 H_0 成立，可以证明 W 关于 $E(W)=\dfrac{n_1(n+1)}{2}$ 对称，要检验 $H_1:\Delta>0$，只要判定 $E(W)>\dfrac{n_1(n+1)}{2}$，并且 X，Y 的秩和 ranksum$(X,Y)<2\alpha$ 即可（α 为检验的显著水平）。

为了求出 Wilcoxon 秩和检验的临界值，可以得到：在 H_0 成立时，W 的概率分布为

$$P(W=d)=\frac{t_{mn}(d)}{C_N^n},\quad d=\frac{n(n+1)}{2},\ \cdots,\ \frac{n(2m+n+1)}{2} \tag{3-42}$$

其中，$t_{mn}(d)$ 表示从 1，2，$\cdots$，N 中取 n 个数，其和恰为 d 的取法的个数。$t_{mn}(d)$ 可用如下初始条件递推公式计算：

$$\begin{cases} t_{i0}(0)=1,\ \text{当}\ d>0,\ i=1,2,\cdots,m \\ t_{0j}(d)=\begin{cases} 1,\ d=\dfrac{j(j+1)}{2} \\ 0,\ d=\dfrac{j(j+1)}{2} \end{cases} \quad j=1,2,\cdots,n \\ t_{mn}(d)=t_{m,(n-1)}(d-m-n)+t_{(m-1),n(d)} \end{cases} \tag{3-43}$$

可以证明，H_0 成立时，W 概率分布关于 $E(W)=\dfrac{n_1(n+1)}{2}$ 对称，给出单检验临界值的求法。根据 $P(W\geqslant c)\leqslant\alpha$ 比较求出的 W 和 c，看 W 是否落在拒绝域中，即 $W>c$；如果 W 落在拒绝域中，则拒绝原假设。渭门乡计算河段网格及断面位置如图 3-4 所示。

可将产卵区取三个垂直断面的垂直涡量值（$V-Vor_A$，$V-Vor_B$，$V-Vor_C$）构成一个样本，非产卵区三个垂直断面的垂直涡量值（$V-Vor_D$，$V-Vor_E$，$V-Vor_F$）

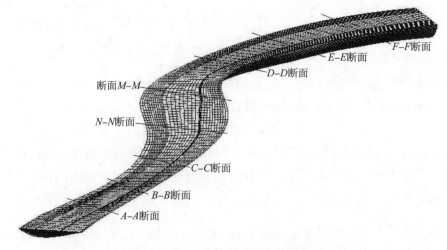

图3-4　渭门乡计算河段网格及断面位置

构成另一个样本，在显著性水平为0.05时，对两组值进行一致性秩和检验。假设

$$H_0 : F_x(V-Vor_A, V-Vor_B, V-Vor_C) = F_y(V-Vor_D, V-Vor_E, V-Vor_F) \quad （3-44）$$

$$H_1 : F_x(V-Vor_A, V-Vor_B, V-Vor_C) \neq F_y(V-Vor_D, V-Vor_E, V-Vor_F) \quad （3-45）$$

根据计算，产卵河段共计8028个单元涡量值的平均秩为4079.8，非产卵河段共计6973个单元涡量值的平均秩为211.1，$Z=-439.7$；可见，$-439.7<-1.645$，则拒绝H_0，即产卵河段垂直涡量分布规律与非产卵河段有显著差异。

二、渭门乡产卵场垂直涡量分布

为分析渭门乡齐口裂腹鱼产卵河段的水力特性，并与非产卵河段进行对比，在产卵河段和非产卵河段分别选择三个典型断面，统计其水力生境特征量。断面布置如图3-5、图3-6所示。其中，A-A，B-B与C-C断面位于产卵河段，而断面N-N与断面M-M是产卵河段向非产卵河段的过渡断面，D-D，E-E与F-F断面位于非产卵河段。

各断面垂直涡量分布详见图3-7至图3-14，从图中可以看出：齐口裂腹鱼产卵区相关断面涡量明显大于过渡区与非产卵区，而涡量主要分布于河床底部，这与其长期生存于河床底部的特征相吻合。从产卵区到非产卵区，河道断面垂直涡量值随河宽、水深的逐步增加而逐渐降低；齐口裂腹鱼产卵河段的涡量分布不均，呈现出中间大两边小的形态，主要集中于流速较大，急、缓流生境交替出现区域，而此区域的河床断面主要属于复式河槽断面；产卵区到非产卵区的河床断面，由复式河槽逐渐向V形河床断面过渡，水深也随之增加。

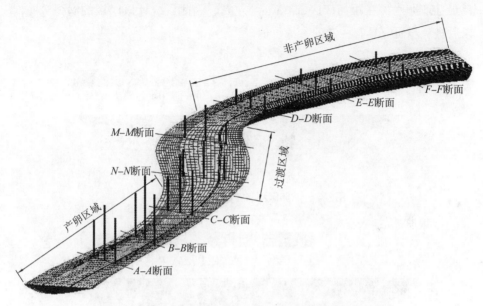

图3–5　河底至1.3 m处各断面平均垂直涡量分布示意图

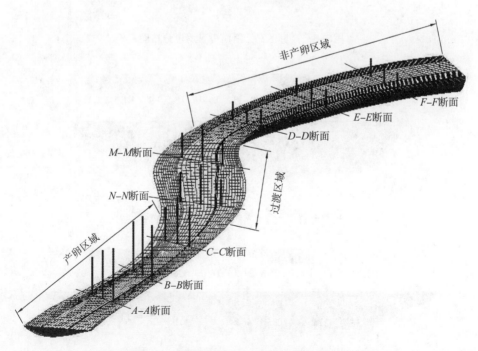

图3–6　各断面全断面平均垂直涡量分布示意图

从表3-1、表3-2的统计数据可以看出：受地形影响，各区域垂直平均涡量分布差异较大，这从图3-5、图3-6中也可体现出来；但总体来看，垂直平均涡量较高的位置基本位于水深较浅的复式河槽底部的中心区域，而齐口裂腹鱼最佳产卵水深在距河床底部1.3 m处左右，因此，统计该区域的涡强分布对以后进一步研究具有一定的参考价值。

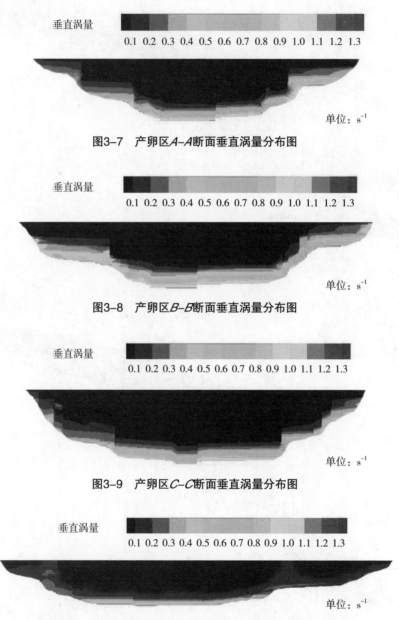

垂直涡量

0.1 0.2 0.3 0.4 0.5 0.6 0.7 0.8 0.9 1.0 1.1 1.2 1.3

单位：s⁻¹

图3-7　产卵区*A–A*断面垂直涡量分布图

垂直涡量

0.1 0.2 0.3 0.4 0.5 0.6 0.7 0.8 0.9 1.0 1.1 1.2 1.3

单位：s⁻¹

图3-8　产卵区*B–B*断面垂直涡量分布图

垂直涡量

0.1 0.2 0.3 0.4 0.5 0.6 0.7 0.8 0.9 1.0 1.1 1.2 1.3

单位：s⁻¹

图3-9　产卵区*C–C*断面垂直涡量分布图

垂直涡量

0.1 0.2 0.3 0.4 0.5 0.6 0.7 0.8 0.9 1.0 1.1 1.2 1.3

单位：s⁻¹

图3-10　产卵河段向非产卵河段过渡*N–N*断面垂直涡量分布图

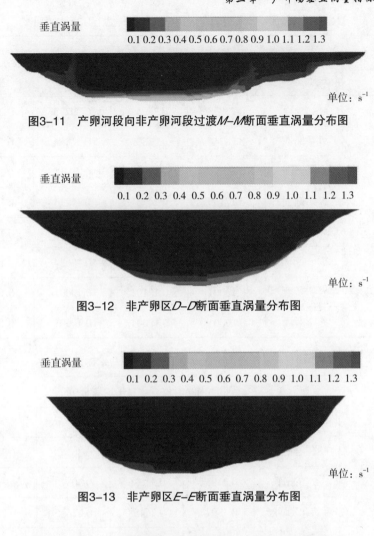

垂直涡量

0.1 0.2 0.3 0.4 0.5 0.6 0.7 0.8 0.9 1.0 1.1 1.2 1.3

单位：s⁻¹

图3-11　产卵河段向非产卵河段过渡*M-M*断面垂直涡量分布图

垂直涡量

0.1 0.2 0.3 0.4 0.5 0.6 0.7 0.8 0.9 1.0 1.1 1.2 1.3

单位：s⁻¹

图3-12　非产卵区*D-D*断面垂直涡量分布图

垂直涡量

0.1 0.2 0.3 0.4 0.5 0.6 0.7 0.8 0.9 1.0 1.1 1.2 1.3

单位：s⁻¹

图3-13　非产卵区*E-E*断面垂直涡量分布图

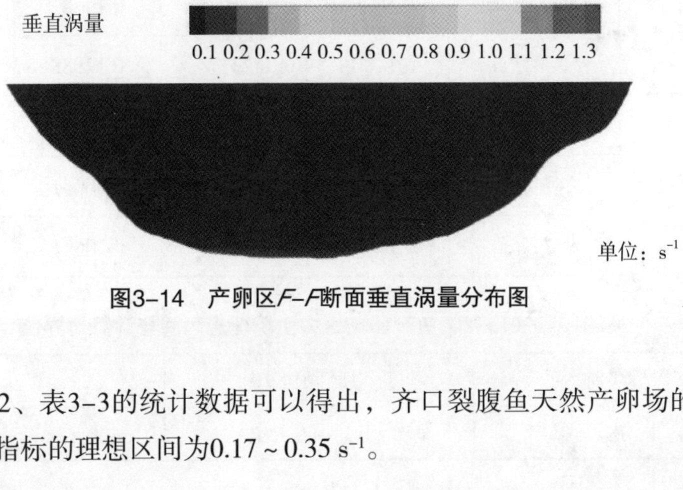

垂直涡量

0.1 0.2 0.3 0.4 0.5 0.6 0.7 0.8 0.9 1.0 1.1 1.2 1.3

单位：s⁻¹

图3-14　产卵区*F-F*断面垂直涡量分布图

　　从表3-2、表3-3的统计数据可以得出，齐口裂腹鱼天然产卵场的垂直断面平均涡量指标的理想区间为0.17 ~ 0.35 s⁻¹。

表3-1　各断面平均垂直涡量（河床底部与其之上1.3 m之间）

区域划分	断面内相对位置垂直平均涡量/s⁻¹				
	断面编号	左	中	右	平均
产卵区	A–A断面	0.23973	0.35652	0.29233	0.29619
	B–B断面	0.28246	0.41803	0.31754	0.33934
	C–C断面	0.22054	0.37016	0.28911	0.29327
过渡区	N–N断面	0.17135	0.24331	0.15274	0.18913
	M–M断面	0.14402	0.23257	0.13245	0.16968
非产卵区	D–D断面	0.10002	0.11131	0.10034	0.10389
	E–E断面	0.10001	0.10101	0.10001	0.10034
	F–F断面	0.10001	0.10001	0.10001	0.10001

表3-2　各断面平均垂直涡量（河床底部与水面之间）

区域划分	断面内相对位置垂直平均涡量/s⁻¹				
	断面编号	左	中	右	平均
产卵区	A–A断面	0.21135	0.27012	0.30157	0.26101
	B–B断面	0.27951	0.33086	0.30378	0.30471
	C–C断面	0.18927	0.26458	0.22615	0.22667
过渡区	N–N断面	0.16366	0.21985	0.14781	0.17711
	M–M断面	0.14006	0.20174	0.12988	0.15723
非产卵区	D–D断面	0.10001	0.10003	0.10001	0.10002
	E–E断面	0.10001	0.10001	0.10001	0.10001
	F–F断面	0.10001	0.10001	0.10001	0.10001

表3-3　齐口裂腹鱼产卵场水力生境理想区间与计算边界值

指标名称	理想区间（B）	计算边界值
垂直平均涡量/s⁻¹	0.17 ~ 0.35	0.02 ~ 1.00

从图3-15、图3-16可以直观看出：从产卵河段到非产卵河段，垂直断面平均涡量逐渐减小，B-B断面的涡量为最大值，其值分别为0.33934 s^{-1}和0.30471 s^{-1}；F-F断面的涡量最小，其值为0.10001 s^{-1}。

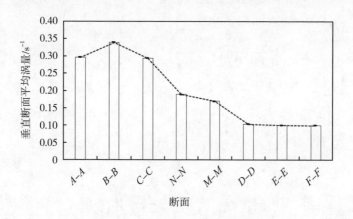

图3-15　0～1.3 m处各断面垂直平均涡量

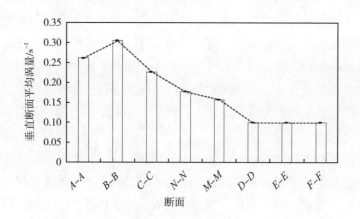

图3-16　各断面的全断面垂直平均涡量

三、垂直断面平均涡量Vague值

将岷江上游渭门乡产卵场水力生境指标值作为Vague集隶属函数计算中的理想区间B，结合非产卵河段水力生境指标值构建计算边界值，见表3-3。

齐口裂腹鱼断面平均垂直涡量指标的Vague值为：

$$\begin{cases} v_B(x) = (t_B(x), 1-f_B(x)) = (0,0) & x \leqslant 0.02 \\[2mm] \begin{aligned} v_B(x) &= (t_B(x), 1-f_B(x)) \\ &= \left(\dfrac{x-0.02}{0.35-0.02}, \dfrac{x-0.02}{0.2-0.02} \right) \end{aligned} & 0.02 < x < 0.2 \\[2mm] \begin{aligned} v_B(x) &= (t_B(x), 1-f_B(x)) \\ &= \left(\dfrac{x-0.02}{0.35-0.02}, \dfrac{1-x}{1-0.1} \right) \end{aligned} & 0.2 \leqslant x < 0.35 \\[2mm] \begin{aligned} v_B(x) &= (t_B(x), 1-f_B(x)) \\ &= \left(\dfrac{1-x}{1-0.2}, \dfrac{1-x}{1-0.35} \right) \end{aligned} & 0.35 \leqslant x < 1 \\[2mm] v_B(x) = (t_B(x), 1-f_B(x)) = (0,0) & x \geqslant 1 \end{cases} \tag{3-46}$$

第四节　本章小结

在鱼类产卵场修复过程中，科学合理的产卵场水力生境指标是客观而有效评价鱼类产卵场水力特性的前提，是鱼类产卵场水力生境修复的重要研究内容，也是从定性研究走向定量研究的关键环节。齐口裂腹鱼产卵场水力生境是一个多指标的集合，各指标过大或过小都不利于鱼类繁殖；衡量水域是否具有产卵场的水力特征，涉及较多模糊概念的度量与表征。本章在参照国外产卵场修复提出的相似度评价标准基础之上，对陈明千所提出的齐口裂腹鱼指标体系进行了完善。

本章采用CLSVOF模型对茂县齐口裂腹鱼天然产卵场的水力特征进行模拟，研究岷江上游齐口裂腹鱼产卵场水力生境的垂直涡量修复指标。为了进一步确定产卵河段和非产卵河段，利用Wilcoxon秩和检验方法，对产卵河段与非产卵河段进行对比验证。垂直断面平均涡量作为衡量鱼类栖息地水力学条件的特征量之一，通过对鱼卵集中区域的垂直断面平均涡量的统计，得出鱼卵集中区域的局部面平均涡量下限为0.17 s^{-1}，理想区间为0.17～0.35 s^{-1}，并发现齐口裂腹鱼会偏向选择具有较大断面平均涡量的上游、深度适宜的水域产卵。而这种选择可以提高卵的受精率，符合物竞天择的进化原理。

受地形因素影响，各区域垂直平均涡量分布差异较大，但总体来看，垂直平均涡量较高的位置基本位于水深较浅的复式河槽底部的中心区域，而齐口裂腹鱼最佳产卵水深在距河床底部的1.3 m处。齐口裂腹鱼产卵区相关断面涡量明显大于过渡区与非产卵区，而涡量主要分布于河床底部，这与其长期生存在河床底部的特征相吻合。从产卵区到非产卵区，河道断面垂直涡量值随河宽、水深的逐步增加而逐渐降低；齐口裂腹鱼产卵河段断面的涡量分布不均，中间大两边小，主要集中于流速较大，急、缓流生境交替出现区域，而此区域的河床断面主要属于复式河槽断面；产卵区到非产卵区的河床断面由复式河槽逐渐向V形河床断面过渡，水深也随之增加。

第四章 产卵场微生境适宜面积与丁坝布置的响应关系研究

对鱼类而言，栖息地包括其完成全部生活史所必需的水域范围，如产卵场、索饵场、越冬场，以及连接不同生活史阶段的水域洄游通道等，而鱼类产卵场生境通常指鱼类产卵的地域或环境。在天然河道中，齐口裂腹鱼产卵场分布相对分散且不固定，如果某水域具备齐口裂腹鱼产卵的水力条件及底质环境，就可成为齐口裂腹鱼的产卵场，这为利用丁坝修复齐口裂腹鱼产卵场创造了可能。本章在对岷江上游河段地形进行统计分析基础上，建立了概化河道的模型；利用二维水深平均模型模拟不同工况下梯形概化河道中单、双丁坝修复产卵场微生境适宜面积，并统计相关参数，研究微生境适宜面积与丁坝布置的响应关系。

第一节 概化河道产卵场数值模拟

齐口裂腹鱼产卵场通常位于水深较小而流速较大的水域，这些水域垂向上水力参数变化较小，因此，可采用二维平均水深的圣维南方程来模拟产卵场水力参数的分布。

一、概化河道模型

针对某一河道得到的修复规律不具有普适性，因为，不同河道的地形存在较大差异。因此，为了保证修复效果具有普适性，在统计岷江上游众多河床断面基础上，建立了河道的概化模型。梯形河道长200 m，底宽10 m，边坡斜率为0.087，纵向比降为0.001。河道地形如图4-1所示。

概化河道糙率与岷江上游研究河段糙率保持一致，取值为0.033。工况流

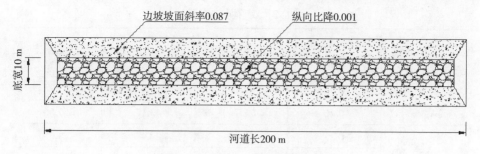

图4-1　梯形概化河道模型示意图

量上限（不需要进行修复的流量）根据齐口裂腹鱼产卵期最佳流速与河道模型参数确定；其下限（不能修复时的临界流量）则根据齐口裂腹鱼产卵期所需最小水深与河道模型参数确定；在流量的上下限之间，大约以4.68 m³/s为流量梯度，从而形成7个流量工况；相应出口水位边界则由齐口裂腹鱼产卵期水深适宜度结合相关文献确定，相关工况边界条件见表4-1。

表4-1　丁坝工况边界条件

流量/（m³·s⁻¹）	18.69	23.36	28.04	32.72	37.40	42.07	46.75
初始水位/m	2.02	2.21	2.33	2.42	2.47	2.53	2.55
出口水位/m	1.91	2.03	2.14	2.21	2.27	2.32	2.35

二、研究工况设置

在概化河道中，为了调整和改善此河段的水深、流速分布及流态情况，根据河道地形，需在河道中布置相应的丁坝。若要达到预期修复的目的，在单一丁坝不能满足需求时，则需要修建多个丁坝，而丁坝间距的选择涉及工程的修复效果与经济性。若想在最佳经济条件下达到最优的修复效果，则必须对丁坝间距合理布置才能充分发挥丁坝的水力学效用。基于上述研究目的设置了单、双丁坝工况，如表4-2、表4-3所示。

表4-2　单丁坝工况设计

流量/(m³·s⁻¹)	18.69	23.36	28.04	32.72	37.40	42.07	46.75
	0.26	0.25	0.24	0.23	0.22	0.21	0.20
阻水率	0.36	0.35	0.34	0.33	0.32	0.31	0.30
	0.46	0.45	0.44	0.43	0.42	0.41	0.40

注：阻水率=丁坝长度/修建丁坝后坝处河流宽度（包含丁坝长度）。

表4-3　双丁坝工况设计

流量/(m³·s⁻¹)	丁坝阻水率	丁坝间距/m		
18.69	0.26	14.38	21.57	28.76
	0.36	21.14	31.71	42.28
	0.46	28.78	43.17	57.56
23.36	0.25	14.94	22.41	29.88
	0.35	21.56	32.34	43.12
	0.45	29.92	44.88	59.84
28.04	0.24	15.28	22.92	30.56
	0.34	22.18	33.27	44.36
	0.44	30.46	45.69	60.92
32.72	0.23	15.46	23.19	30.92
	0.33	22.58	33.87	45.16
	0.43	31.04	46.56	62.08
37.40	0.22	15.26	22.89	30.52
	0.32	22.86	34.29	45.72
	0.42	31.52	47.28	63.04
42.07	0.21	15.08	22.62	30.16
	0.31	22.62	33.93	45.24
	0.41	31.26	46.89	62.52
46.75	0.20	14.82	22.23	29.64
	0.30	22.30	33.45	44.60
	0.40	31.14	46.71	62.28

三、丁坝对水流流态及产卵场分布的影响

为了调整和改善概化河段的水深、流速分布及流态情况，根据河道地形，需在河道下游布设整治工程。通过分析概化河段的地形、流场及SAM值分布，在河段内修建丁坝，丁坝相关参数详见表4-1、表4-2。丁坝修建前各流量下的流场分布见附图1-1，丁坝位置及流场分布见图4-2至图4-4以及附图1-2至附图1-12，图中：y轴为河宽方向，x轴为水流方向。

当下游丁坝处于上游丁坝的缓流区内变动时，各丁坝坝头处的垂线平均流

速沿程变化呈现出一定规律：第一条丁坝坝头处流速值大于第二条丁坝坝头处流速值；而第一条丁坝坝头处流速值与单丁坝坝头处流速值相近，其主要原因在于下游丁坝位于上游丁坝的掩护范围内，它的主要作用是继续约束主流，很少受到主流的直接冲击。因此，在上游丁坝处产生的壅水值很小，对上游丁坝的流态影响不大。

由于工况较多，所以只列举了单丁坝流量为18.69 m^3/s，23.36 m^3/s以及双丁坝流量为18.69 m^3/s的流场图，其余工况见附图1-1至附图1-12。

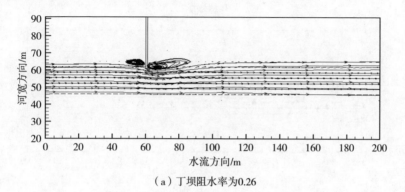

（a）丁坝阻水率为0.26

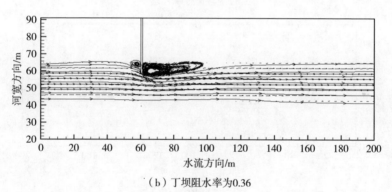

（b）丁坝阻水率为0.36

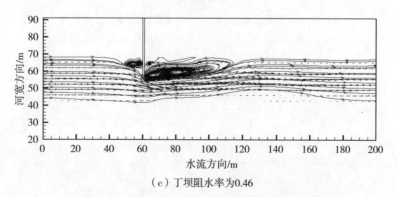

（c）丁坝阻水率为0.46

图4-2 单丁坝流量为18.69 m^3/s修复后产卵场流场分布

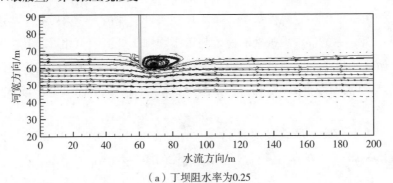

（a）丁坝阻水率为0.25

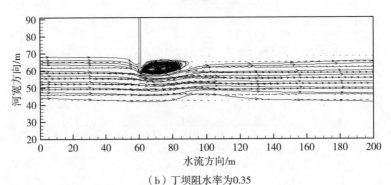

（b）丁坝阻水率为0.35

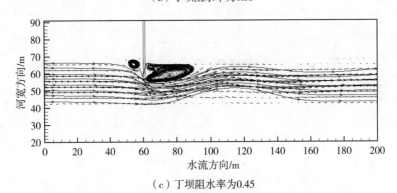

（c）丁坝阻水率为0.45

图4-3　单丁坝流量为23.36 m³/s修复后产卵场流场分布

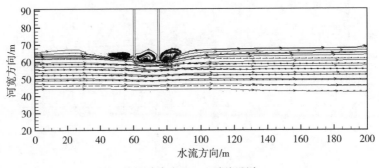

（a）丁坝阻水率为0.26，丁坝间距为14.38 m

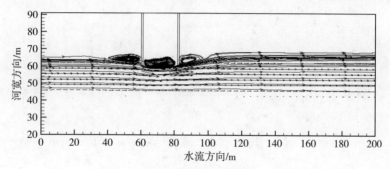

（b）丁坝阻水率为0.26，丁坝间距为21.57 m

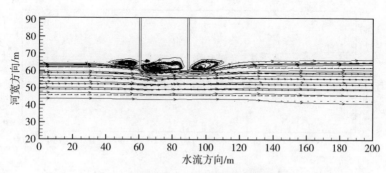

（c）丁坝阻水率为0.26，丁坝间距为28.76 m

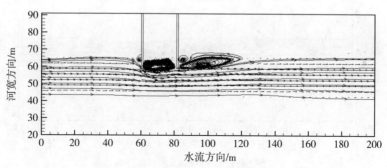

（d）丁坝阻水率为0.36，丁坝间距为21.14 m

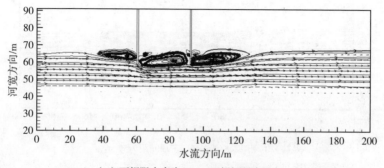

（e）丁坝阻水率为0.36，丁坝间距为31.71 m

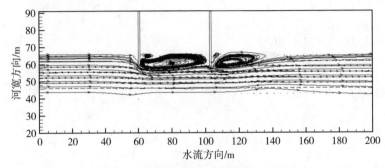

（f）丁坝阻水率为0.36，丁坝间距为42.28 m

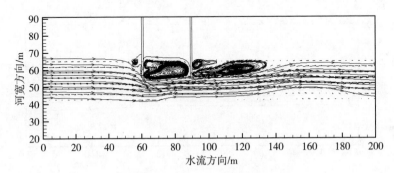

（g）丁坝阻水率为0.46，丁坝间距为28.78 m

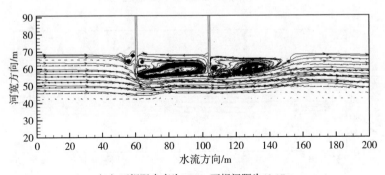

（h）丁坝阻水率为0.46，丁坝间距为43.17 m

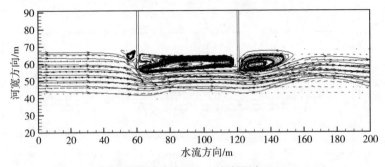

（i）丁坝阻水率为0.46，丁坝间距为57.56 m

图4-4　双丁坝流量为18.69 m³/s修复后产卵场流场分布

从图4-2至图4-4以及附图1-1至附图1-12可以看出：修建丁坝使水流发生了急剧变化，急缓流交替出现；在丁坝下游基本都形成了螺旋流；在水流绕过丁坝头部时，流速都有逐渐增大的趋势。丁坝上游因坝体阻挡产生局部壅水，水位陡增，当水流迅速绕过坝头后，丁坝下游水位则急剧下降，再向下水位上升呈倒坡，并延伸到回流区以下；由于丁坝的存在，河道中行进的水流速度有所减缓，坝轴线以下，坝区回流外侧主流的平均流速最大，往下则沿程减小。

由于水流受到丁坝的阻挡，在丁坝上游的流速有所减缓，此时一部分水流的动能向势能转化，使水面壅高以及主流开始偏离丁坝一侧。当水流与丁坝断面接近时，流线弯曲程度将加大，水流收缩尤为明显且呈逐渐加大趋势。坝间距改变对上游丁坝处的壅水影响，在第一条丁坝与第二条丁坝的间距小于丁坝长度时才有明显表现。根据表2-2齐口裂腹鱼繁殖期间栖息地适宜指数模型可知，适宜的速度区域并非在回流区域，但回流区可以为齐口裂腹鱼提供多样的水力环境，同时可以帮助定位修复域。

要度量丁坝修复作用的大小，则有必要定义丁坝的作用域。丁坝的作用域是指丁坝在河流治理或修复时，其治理或修复区域内的影响范围。在前人的相关研究中，主要以丁坝作用域内各个要素的变化范围来描述，如丁坝的坝后回流区长度及影响范围，丁坝影响区内的水深、流速范围等。丁坝在产卵场修复中有一定的作用域，其作用域的大小与丁坝长度和水流方向的夹角紧密相关。根据水流与丁坝所处位置的不同，将丁坝作用域分为上游作用域和下游作用域；而作用域由作用长度与作用宽度来决定，其划分依据是齐口裂腹鱼生殖期间栖息地水深、流速指数。一般来说，与未修丁坝之前相比，水深变化超过0.1 m或流速变化超过0.2 m/s的区域，称为丁坝作用域。可用李国斌等的研究成果进行估算，其值约为最大回流长度与宽度的0.8倍。第三章至第六章中，关于丁坝修复齐口裂腹鱼产卵场微生境适宜面积及相似度计算是基于丁坝作用域进行相关计算的。

第二节　概化河道产卵场适宜面积与丁坝布置的响应关系

通过对概化河道修复前后的齐口裂腹鱼产卵场微生境适宜面积（SAM）值进行数值模拟，探索SAM值与流量、丁坝阻水率、丁坝间距的响应关系。

一、产卵场微生境适宜面积修复效果

根据齐口裂腹鱼产卵场水力微生境特点，针对概化河道不同流量下不同阻水率的工况，利用齐口裂腹鱼产卵场评估的二维平均水深水动力模型对每一网格中的适宜产卵的水深、流速及邻近区域的综合适宜性指数，统计齐口裂腹鱼产卵场微生境适宜面积及其他相关参数，SAM值（S_{SAM}）计算公式如下：

$$S_{SAM} = \sum_i \left(f(d_i) \times f(v_i) \times f(c_i) \right) \times A_i \qquad (4-1)$$

式中，$f(d_i)$——修复河段第i分区适宜产卵的水深指数；

$f(v_i)$——修复河段第i分区适宜产卵的流速指数；

$f(c_i)$——修复河段第i分区适宜产卵的底质指数；

A_i——修复河段第i分区的底床面积。

齐口裂腹鱼繁殖期间栖息地适宜指数模型详见表2-2，由于是概化河道，因此认为河道底部各处底质一致。

齐口裂腹鱼的产卵时段主要在4月。根据梯形概化河道模型示意图（图4-1），数值模拟概化河道修建丁坝前后下游河段在产卵月份的流场，以及分析适宜齐口裂腹鱼栖息地面积分布。

从图4-5中可以发现：在齐口裂腹鱼产卵时段，下泄流量较小，而流速随之减小，致使下游河段过水面积狭窄，水深变浅，急流生境已不复存在；随着下泄流量增大，水深及流速也增大，其分布呈现出不同的状态。若在流量一定条件下增加齐口裂腹鱼产卵场微生境适宜面积，则需修建丁坝或采取相应的修复措施才能营建适宜齐口裂腹鱼的产卵水力生境。部分丁坝工况的S_{SAM}分布图如图4-6至图4-8所示，由于工况较多，所以只列举单丁坝流量为18.69 m³/s，23.36 m³/s以及双丁坝流量为18.69 m³/s的S_{SAM}分布图，单丁坝其余工况以及双丁坝其余工况S_{SAM}分布图详见附图2-1至附图2-11。

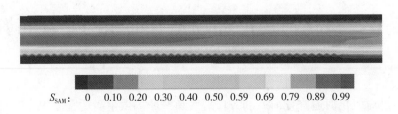

S_{SAM}:　0　0.10　0.20　0.30　0.40　0.50　0.59　0.69　0.79　0.89　0.99

（a）流量为18.69 m³/s修复前产卵场S_{SAM}分布

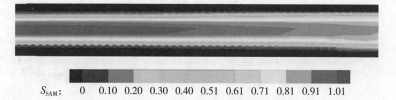

S_{SAM}: 0　0.10　0.20　0.30　0.40　0.51　0.61　0.71　0.81　0.91　1.01

（b）流量为23.36 m³/s修复前产卵场S_{SAM}分布

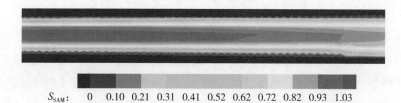

S_{SAM}: 0　0.10　0.21　0.31　0.41　0.52　0.62　0.72　0.82　0.93　1.03

（c）流量为28.04 m³/s修复前产卵场S_{SAM}分布

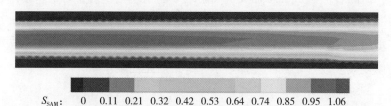

S_{SAM}: 0　0.11　0.21　0.32　0.42　0.53　0.64　0.74　0.85　0.95　1.06

（d）流量为32.72 m³/s修复前产卵场S_{SAM}分布

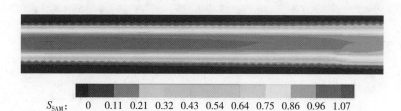

S_{SAM}: 0　0.11　0.21　0.32　0.43　0.54　0.64　0.75　0.86　0.96　1.07

（e）流量为37.40 m³/s修复前产卵场S_{SAM}分布

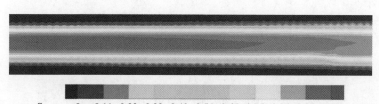

S_{SAM}: 0　0.11　0.22　0.32　0.43　0.54　0.65　0.76　0.86　0.97　1.08

（f）流量为42.07 m³/s修复前产卵场S_{SAM}分布

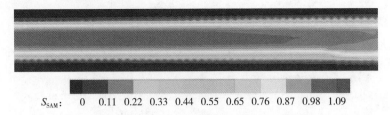

S_{SAM}:　0　0.11　0.22　0.33　0.44　0.55　0.65　0.76　0.87　0.98　1.09

（g）流量为46.75 m³/s修复前产卵场S_{SAM}分布

图4-5　各流量修复前产卵场S_{SAM}分布

从图4-6至图4-8以及附图2-1至附图2-11中可以发现：丁坝修建后，坝前壅水增多，水深增加；由于丁坝对水流的阻拦，流速降低，丁坝处河宽束窄，坝头流速随之增加；当水流绕过坝头后，坝后水深有所下降，但流速加大，河宽逐渐变至修建丁坝前的状态。随着流量的逐步增加，坝前、坝后的流速与水深变化增大，都呈现上升的趋势，齐口裂腹鱼产卵场微生境适宜面积也随之逐渐增加；但随着流量进一步加大，高阻水率的丁坝则呈现下降甚至负增长的趋势。双丁坝较为复杂，因为双丁坝的修复效果不仅受流量、丁坝阻水率的影响，丁坝间距适宜与否也直接影响着丁坝的整体修复效果。总体而言，中等阻水率的修复效果较好，其次是低阻水率，最后是高阻水率。

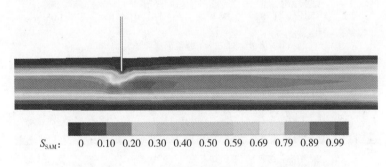

S_{SAM}:　0　0.10　0.20　0.30　0.40　0.50　0.59　0.69　0.79　0.89　0.99

（a）丁坝阻水率为0.26

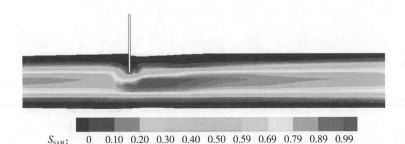

S_{SAM}:　0　0.10　0.20　0.30　0.40　0.50　0.59　0.69　0.79　0.89　0.99

（b）丁坝阻水率为0.36

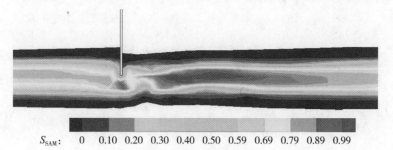

S_{SAM}:　0　0.10　0.20　0.30　0.40　0.50　0.59　0.69　0.79　0.89　0.99

（c）丁坝阻水率为0.46

图4-6　流量为18.69 m³/s修复后产卵场S_{SAM}分布

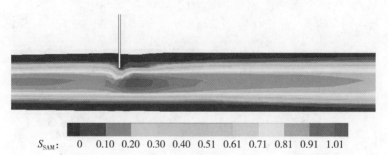

S_{SAM}:　0　0.10　0.20　0.30　0.40　0.51　0.61　0.71　0.81　0.91　1.01

（a）丁坝阻水率为0.25

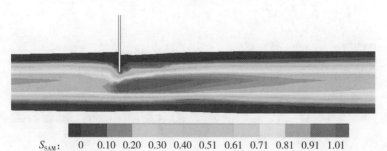

S_{SAM}:　0　0.10　0.20　0.30　0.40　0.51　0.61　0.71　0.81　0.91　1.01

（b）丁坝阻水率为0.35

S_{SAM}:　0　0.10　0.20　0.30　0.40　0.51　0.61　0.71　0.81　0.91　1.01

（c）丁坝阻水率为0.45

图4-7　流量为23.36 m³/s修复后产卵场S_{SAM}分布

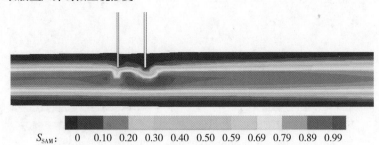

S_{SAM}: 0   0.10 0.20 0.30 0.40 0.50 0.59 0.69 0.79 0.89 0.99

（a）丁坝阻水率为0.26、丁坝间距为14.38 m

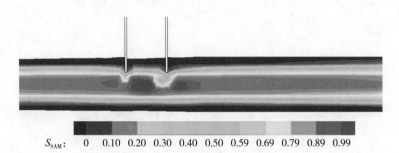

S_{SAM}: 0   0.10 0.20 0.30 0.40 0.50 0.59 0.69 0.79 0.89 0.99

（b）丁坝阻水率为0.26、丁坝间距为21.57 m

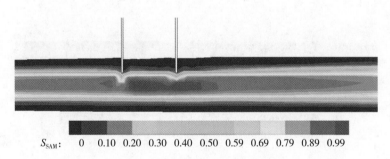

S_{SAM}: 0   0.10 0.20 0.30 0.40 0.50 0.59 0.69 0.79 0.89 0.99

（c）丁坝阻水率为0.26、丁坝间距为28.76 m

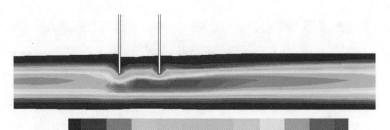

S_{SAM}: 0   0.10 0.20 0.30 0.40 0.50 0.59 0.69 0.79 0.89 0.99

（d）丁坝阻水率为0.36、丁坝间距为21.14 m

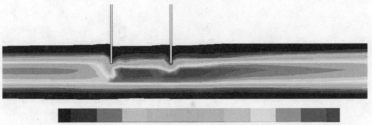

S_{SAM}:　　0　　0.10　0.20　0.30　0.40　0.50　0.59　0.69　0.79　0.89　0.99

（e）丁坝阻水率为0.36、丁坝间距为31.71 m

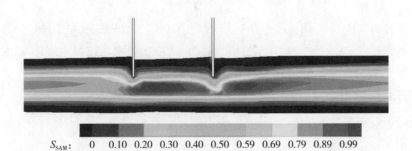

S_{SAM}:　　0　　0.10　0.20　0.30　0.40　0.50　0.59　0.69　0.79　0.89　0.99

（f）丁坝阻水率为0.36、丁坝间距为42.28 m

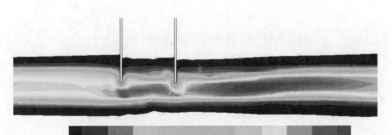

S_{SAM}:　　0　　0.10　0.20　0.30　0.40　0.50　0.59　0.69　0.79　0.89　0.99

（g）丁坝阻水率为0.46、丁坝间距为28.78 m

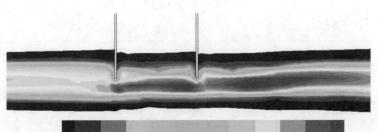

S_{SAM}:　　0　　0.10　0.20　0.30　0.40　0.50　0.59　0.69　0.79　0.89　0.99

（h）丁坝阻水率为0.46、丁坝间距为43.17 m

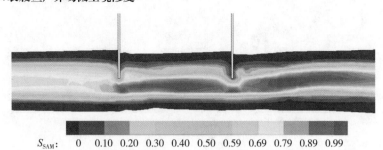

S_{SAM}: 0 0.10 0.20 0.30 0.40 0.50 0.59 0.69 0.79 0.89 0.99

（ⅰ）丁坝阻水率为0.46、丁坝间距为57.56 m

图4-8 流量为18.69 m³/s修复后产卵场S_{SAM}分布

在齐口裂腹鱼产卵场微生境适宜面积值（S_{SAM}）分布上，双丁坝与单丁坝有着明显的区别：单丁坝主要集中在丁坝的下游区域，而双丁坝主要集中在两丁坝之前以及第二条丁坝的下游区域，这些区别随着丁坝间距的不同而不同。这是因为双丁坝修建后，后一条丁坝对前一条丁坝的水深、流速等流态产生或强或弱的影响，强弱程度与两丁坝间距有直接关系，从而对S_{SAM}的分布与大小产生直接影响。由表2-2及式（4-1）可知，S_{SAM}分布与大小并不是由某单一因素决定的，而是河道地形、流量、丁坝阻水率与间距等因素综合作用的结果。

二、产卵场微生境适宜面积及相关参数统计

非淹丁坝在减水河段修复中的主要作用是阻挡水流，以壅高上游水位、减缓水流比降，或束窄河床以提高流速。因此，要研究丁坝对齐口裂腹鱼产卵场的修复效果，有必要对修复后的相关参数进行统计。（注：$S_{SAM_{before}}$与$S_{SAM_{after}}$分别为修复河段布置丁坝前后相应作用域内的产卵场微生境面积。）

单丁坝工况丁坝作用域内相关参数统计见表4-4至表4-10。

双丁坝工况丁坝作用域内相关参数统计见表4-11至表4-31。

表4-4 流量为18.69 m³/s不同阻水率适宜面积相关参数统计

河宽/m	坝长/m	阻水率	$S_{SAM_{before}}$/m²	$S_{SAM_{after}}$/m²	平均水深/m	平均流速/（m·s⁻¹）
27.56	7.19	0.26	38.62	41.27	0.587	1.091
29.35	10.57	0.36	44.01	49.98	0.592	1.292
31.22	14.39	0.46	50.29	59.03	0.643	1.644

注：阻水率=丁坝长度/修建丁坝后坝处河流宽度（包含丁坝长度）。

表4-5 流量为23.36 m³/s不同阻水率适宜面积相关参数统计

河宽/m	坝长/m	阻水率	$S_{SAM_{before}}$/m²	$S_{SAM_{after}}$/m²	平均水深/m	平均流速/（m·s⁻¹）
29.78	7.47	0.25	49.55	52.79	0.654	1.285
30.72	10.78	0.35	60.83	67.18	0.659	1.465
33.21	14.96	0.45	69.68	78.85	0.701	1.865

表4-6 流量为28.04 m³/s不同阻水率适宜面积相关参数统计

河宽/m	坝长/m	阻水率	$S_{SAM_{before}}$/m²	$S_{SAM_{after}}$/m²	平均水深/m	平均流速/（m·s⁻¹）
31.71	7.64	0.24	59.01	63.02	0.711	1.458
32.59	11.09	0.34	80.40	87.60	0.716	1.721
34.57	15.23	0.44	97.26	106.83	0.742	2.025

表4-7 流量为32.72 m³/s不同阻水率适宜面积相关参数统计

河宽/m	坝长/m	阻水率	$S_{SAM_{before}}$/m²	$S_{SAM_{after}}$/m²	平均水深/m	平均流速/（m·s⁻¹）
33.52	7.73	0.23	65.62	71.57	0.746	1.575
34.11	11.29	0.33	105.85	117.54	0.751	1.893
36.07	15.52	0.43	127.02	136.93	0.778	2.239

表4-8 流量为37.40 m³/s不同阻水率适宜面积相关参数统计

河宽/m	坝长/m	阻水率	$S_{SAM_{before}}$/m²	$S_{SAM_{after}}$/m²	平均水深/m	平均流速/（m·s⁻¹）
34.57	7.63	0.22	69.38	75.54	0.773	1.686
35.61	11.43	0.32	103.01	117.32	0.778	2.032
37.46	15.76	0.42	124.21	133.97	0.813	2.459

表4-9 流量为42.07 m³/s不同阻水率适宜面积相关参数统计

河宽/m	坝长/m	阻水率	$S_{SAM_{before}}$/m²	$S_{SAM_{after}}$/m²	平均水深/m	平均流速/（m·s⁻¹）
35.81	7.54	0.21	70.62	77.26	0.804	1.831
36.45	11.31	0.31	101.55	111.13	0.807	2.114
38.12	15.63	0.41	124.99	132.17	0.839	2.549

表4-10 流量为46.75 m³/s不同阻水率适宜面积相关参数统计

河宽/m	坝长/m	阻水率	$S_{SAM_{before}}$/m²	$S_{SAM_{after}}$/m²	平均水深/m	平均流速/(m·s⁻¹)
36.45	7.41	0.20	70.35	77.41	0.821	1.969
37.06	11.16	0.30	99.60	108.13	0.823	2.253
39.01	15.57	0.40	123.32	121.72	0.855	2.674

表4-11 流量为18.69 m³/s、丁坝阻水率为0.26不同间距适宜面积相关参数统计

河宽/m	坝长/m	间距/m	$S_{SAM_{before}}$/m²	$S_{SAM_{after}}$/m²	平均水深/m	平均流速/(m·s⁻¹)
7.19	27.56	14.38	51.54	55.72	0.592	1.078
7.19	27.56	21.57	58.01	63.22	0.591	1.119
7.19	27.56	28.76	64.45	72.35	0.589	1.126

表4-12 流量为18.69 m³/s、丁坝阻水率为0.36不同间距适宜面积相关参数统计

河宽/m	坝长/m	间距/m	$S_{SAM_{before}}$/m²	$S_{SAM_{after}}$/m²	平均水深/m	平均流速/(m·s⁻¹)
10.57	29.35	21.14	63.01	70.13	0.597	1.278
10.57	29.35	31.17	72.49	82.31	0.595	1.334
10.57	29.35	42.28	81.99	93.96	0.593	1.354

表4-13 流量为18.69 m³/s、丁坝阻水率为0.46不同间距适宜面积相关参数统计

河宽/m	坝长/m	间距/m	$S_{SAM_{before}}$/m²	$S_{SAM_{after}}$/m²	平均水深/m	平均流速/(m·s⁻¹)
14.39	31.22	28.78	76.15	85.36	0.643	1.596
14.39	31.22	43.17	89.07	100.67	0.664	1.603
14.39	31.22	57.56	102.01	115.34	0.669	1.617

表4-14 流量为23.36 m³/s、丁坝阻水率为0.25不同间距适宜面积相关参数统计

河宽/m	坝长/m	间距/m	$S_{SAM_{before}}$/m²	$S_{SAM_{after}}$/m²	平均水深/m	平均流速/(m·s⁻¹)
7.47	29.78	14.94	66.08	70.86	0.654	1.278
7.47	29.78	22.41	74.34	80.65	0.653	1.292
7.47	29.78	29.88	82.61	90.06	0.650	1.299

表4-15 流量为23.36 m³/s、丁坝阻水率为0.35不同间距适宜面积相关参数统计

河宽/m	坝长/m	间距/m	$S_{SAM_{before}}$/m²	$S_{SAM_{after}}$/m²	平均水深/m	平均流速/ (m·s⁻¹)
10.78	30.72	21.56	84.68	93.14	0.658	1.458
10.78	30.72	32.34	96.61	107.23	0.657	1.499
10.78	30.72	43.12	108.53	120.98	0.655	1.513

表4-16 流量为23.36 m³/s、丁坝阻水率为0.45不同间距适宜面积相关参数统计

河宽/m	坝长/m	间距/m	$S_{SAM_{before}}$/m²	$S_{SAM_{after}}$/m²	平均水深/m	平均流速/ (m·s⁻¹)
14.95	33.21	29.92	102.78	112.83	0.716	1.803
14.95	33.21	44.88	119.33	132.46	0.732	1.817
14.95	33.21	59.84	135.87	149.23	0.729	1.824

表4-17 流量为28.04 m³/s、丁坝阻水率为0.24不同间距适宜面积相关参数统计

河宽/m	坝长/m	间距/m	$S_{SAM_{before}}$/m²	$S_{SAM_{after}}$/m²	平均水深/m	平均流速/ (m·s⁻¹)
7.64	31.71	15.28	78.81	84.92	0.715	1.444
7.64	31.71	22.92	88.72	96.61	0.712	1.451
7.64	31.71	30.56	98.63	107.72	0.709	1.458

表4-18 流量为28.04 m³/s、丁坝阻水率为0.34不同间距适宜面积相关参数统计

河宽/m	坝长/m	间距/m	$S_{SAM_{before}}$/m²	$S_{SAM_{after}}$/m²	平均水深/m	平均流速/ (m·s⁻¹)
11.09	32.59	22.18	109.16	117.35	0.717	1.672
11.09	32.59	33.27	123.54	134.69	0.716	1.721
11.09	32.59	44.36	137.92	150.45	0.719	1.728

表4-19 流量为28.04 m³/s、丁坝阻水率为0.44不同间距适宜面积相关参数统计

河宽/m	坝长/m	间距/m	$S_{SAM_{before}}$/m²	$S_{SAM_{after}}$/m²	平均水深/m	平均流速/ (m·s⁻¹)
15.23	34.57	30.46	136.76	148.03	0.757	2.004
15.23	34.57	45.69	156.51	169.34	0.773	2.011
15.23	34.57	60.92	176.26	190.72	0.782	2.018

表4-20　流量为32.72 m³/s、丁坝阻水率为0.23不同间距适宜面积相关参数统计

河宽/m	坝长/m	间距/m	$S_{SAM_{before}}$/m²	$S_{SAM_{after}}$/m²	平均水深/m	平均流速/（m·s⁻¹）
7.73	33.52	15.46	87.44	96.41	0.750	1.534
7.73	33.52	23.19	98.35	109.39	0.749	1.541
7.73	33.52	30.92	109.26	123.66	0.746	1.547

表4-21　流量为32.72 m³/s、丁坝阻水率为0.33不同间距适宜面积相关参数统计

河宽/m	坝长/m	间距/m	$S_{SAM_{before}}$/m²	$S_{SAM_{after}}$/m²	平均水深/m	平均流速/（m·s⁻¹）
11.29	36.07	22.58	137.71	155.87	0.773	1.796
11.29	36.07	33.87	153.65	169.56	0.751	1.824
11.29	36.07	45.16	169.58	194.42	0.749	1.810

表4-22　流量为32.72 m³/s、丁坝阻水率为0.43不同间距适宜面积相关参数统计

河宽/m	坝长/m	间距/m	$S_{SAM_{before}}$/m²	$S_{SAM_{after}}$/m²	平均水深/m	平均流速/（m·s⁻¹）
15.52	36.07	31.04	170.82	185.16	0.778	2.197
15.52	36.07	46.56	192.73	208.19	0.787	2.199
15.52	36.07	62.08	214.63	227.68	0.803	2.266

表4-23　流量为37.40 m³/s、丁坝阻水率为0.22不同间距适宜面积相关参数统计

河宽/m	坝长/m	间距/m	$S_{SAM_{before}}$/m²	$S_{SAM_{after}}$/m²	平均水深/m	平均流速/（m·s⁻¹）
7.63	34.57	15.26	92.49	101.84	0.783	1.672
7.63	34.57	22.89	104.05	117.41	0.781	1.686
7.63	34.57	30.52	115.61	129.59	0.780	1.693

表4-24　流量为37.40 m³/s、丁坝阻水率为0.32不同间距适宜面积相关参数统计

河宽/m	坝长/m	间距/m	$S_{SAM_{before}}$/m²	$S_{SAM_{after}}$/m²	平均水深/m	平均流速/（m·s⁻¹）
11.43	35.61	22.86	137.63	158.18	0.785	1.921
11.43	35.61	34.29	154.95	177.11	0.788	1.983
11.43	35.61	45.72	172.26	198.45	0.789	1.997

表4-25　流量为37.40 m³/s、丁坝阻水率为0.42不同间距适宜面积相关参数统计

河宽/m	坝长/m	间距/m	$S_{SAM_{before}}$/m²	$S_{SAM_{after}}$/m²	平均水深/m	平均流速/ (m·s⁻¹)
15.76	37.46	31.52	171.96	185.58	0.819	2.281
15.76	37.46	47.28	195.83	210.37	0.829	2.370
15.76	37.46	30.52	219.71	231.72	0.827	2.391

表4-26　流量为42.07 m³/s、丁坝阻水率为0.21不同间距适宜面积相关参数统计

河宽/m	坝长/m	间距/m	$S_{SAM_{before}}$/m²	$S_{SAM_{after}}$/m²	平均水深/m	平均流速/ (m·s⁻¹)
7.54	35.81	15.08	97.31	107.69	0.813	1.810
7.54	35.81	22.62	109.09	120.25	0.806	1.838
7.54	35.81	30.16	120.87	134.32	0.804	1.845

表4-27　流量为42.07 m³/s、丁坝阻水率为0.31不同间距适宜面积相关参数统计

河宽/m	坝长/m	间距/m	$S_{SAM_{before}}$/m²	$S_{SAM_{after}}$/m²	平均水深/m	平均流速/ (m·s⁻¹)
11.31	36.45	22.62	157.21	166.36	0.809	2.025
11.31	36.45	33.93	174.88	186.25	0.815	2.045
11.31	36.45	45.24	192.55	199.75	0.818	2.087

表4-28　流量为42.07 m³/s、丁坝阻水率为0.41不同间距适宜面积相关参数统计

河宽/m	坝长/m	间距/m	$S_{SAM_{before}}$/m²	$S_{SAM_{after}}$/m²	平均水深/m	平均流速/ (m·s⁻¹)
15.63	38.12	31.26	201.18	209.24	0.845	2.515
15.63	38.12	46.89	225.61	233.34	0.860	2.522
15.63	38.12	62.52	249.02	252.07	0.870	2.543

表4-29　流量为46.75 m³/s、丁坝阻水率为0.20不同间距适宜面积相关参数统计

河宽/m	坝长/m	间距/m	$S_{SAM_{before}}$/m²	$S_{SAM_{after}}$/m²	平均水深/m	平均流速/ (m·s⁻¹)
7.41	36.45	14.82	98.53	109.33	0.821	1.948
7.41	36.45	22.23	110.24	122.18	0.823	1.956
7.41	36.45	29.64	121.96	135.83	0.828	1.969

表4-30　流量为46.75 m³/s、丁坝阻水率为0.30不同间距适宜面积相关参数统计

河宽/m	坝长/m	间距/m	$S_{SAM_{before}}$/m²	$S_{SAM_{after}}$/m²	平均水深/m	平均流速/（m·s⁻¹）
11.16	37.06	22.32	159.40	168.46	0.829	2.190
11.16	37.06	33.48	177.04	188.76	0.835	2.204
11.16	37.06	44.64	194.69	209.65	0.838	2.225

表4-31　流量为46.75 m³/s、丁坝阻水率为0.40不同间距适宜面积相关参数统计

河宽/m	坝长/m	间距/m	$S_{SAM_{before}}$/m²	$S_{SAM_{after}}$/m²	平均水深/m	平均流速/（m·s⁻¹）
15.57	39.01	31.14	204.17	203.26	0.870	2.639
15.57	39.01	46.71	228.79	227.49	0.886	2.667
15.57	39.01	62.28	253.41	251.55	0.896	2.681

三、产卵场微生境适宜面积与丁坝布置的响应关系

由式（4-1）可知：产卵场微生境适宜面积由水深、流速以及底质指数共同决定。概化河道中修建丁坝后，由于河道流量不同、丁坝长短（阻水率）不同以及丁坝间距的差异，其修复后齐口裂腹鱼产卵微生境适宜面积也会大相径庭。在流量确定的情况下，丁坝布置直接决定着概化河道中齐口裂腹鱼产卵场微生境适宜面积的大小。

概化河道采取工程措施后，齐口裂腹鱼产卵场S_{SAM}与流量、丁坝阻水率、丁坝间距（对于双丁坝而言）以及Fr（作用区域内平均弗劳德数）之间的响应关系曲线如图4-9至图4-15所示。（由于S_{SAM}是多因素综合作用的结果，本小节相关曲线须结合表4-2与表4-3进行分析。）

从流量与S_{SAM}来看：无论是单丁坝还是双丁坝，流量对S_{SAM}的影响都很大，随着流量的增加，S_{SAM}增大；流量仅是影响S_{SAM}大小的重要因素之一，当流量达到一定程度时，S_{SAM}随之减小，即丁坝修复能力减弱。从丁坝阻水率相关曲线来看：S_{SAM}随着丁坝阻水率的增大而增大，但这种趋势并不是一直线性增大，当流量达到某一临界值后，随着阻水率的增加，S_{SAM}会减小，即修复效果不明显甚至倒退。其原因为当流量增加到一定程度时（见表4-2），流速达到齐口裂腹鱼繁殖期间适宜速度的峰值，随着流量的进一步增加，流速的适宜

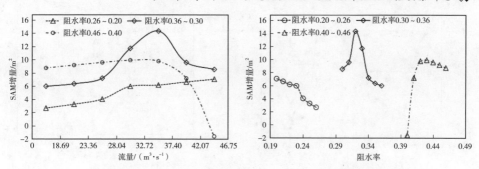

图4-9　单丁坝SAM增量随流量、阻水率的变化关系

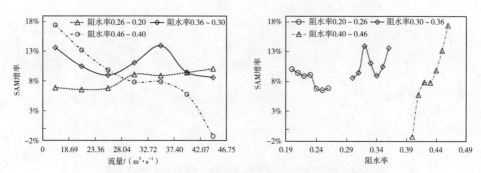

图4-10　单丁坝SAM增率随流量、阻水率的变化关系

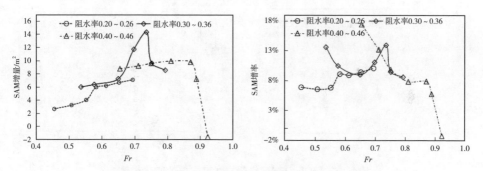

图4-11　单丁坝SAM增量与增率随Fr的变化关系

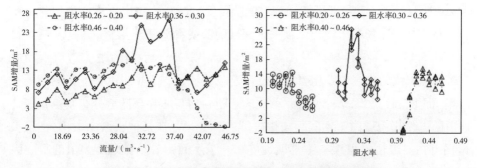

图4-12　双丁坝SAM增量随流量、阻水率的变化关系

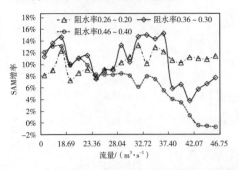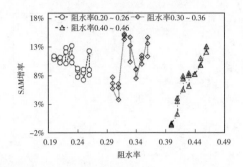

图4-13　双丁坝SAM增率随流量、阻水率的变化关系

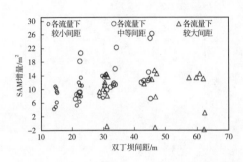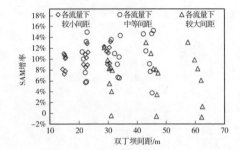

图4-14　双丁坝SAM增量与增率随丁坝间距的变化关系

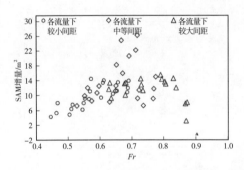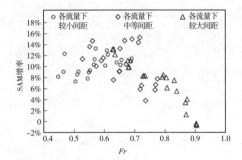

图4-15　双丁坝SAM增量与增率随Fr的变化关系

性会降低，由式（4-1）可知，SAM的统计值会减小；这也可以从第四章单双丁坝布置与产卵场微生境相似度关于速度的曲线看出来。

从图4-11、图4-14以及图4-15可以看出：Fr、丁坝间距（对双丁坝而言）与SAM值的响应关系相当复杂，Fr不仅受流量、丁坝阻水率的影响，还受丁坝间距的制约，因此SAM值波动较大。图4-14与图4-15散点分布有点相似，这说明丁坝作用域内丁坝间距与该区域的Fr变化存在某种联系。由图4-9至图4-15可知：流量、阻水率（丁坝长度）、丁坝间距等是影响SAM值的重要因素，单一因素是很难准确描述与预测这种复杂的响应关系的。

第三节　本章小结

本章在对岷江上游茂县天然产卵场河段以及姜射坝河段地形进行统计分析的基础上，建立了概化河道的模型，并采用二维水深平均模型模拟不同工况下概化河道中单、双丁坝修复齐口裂腹鱼产卵场微生境适宜面积，同时对丁坝对水流流态及丁坝间距进行研究。

（1）为修复或重建岷江上游天然河道齐口裂腹鱼产卵场，在统计岷江上游众多河床断面后，建立了长200 m、底宽10 m、边坡斜率0.087、纵向比降0.001的梯形概化河道模型。

（2）丁坝是一种改变水流的传统方式，研究丁坝附近水流的紊动特性对于齐口裂腹鱼产卵场的修复至关重要。在河道中设置丁坝后，水流的压力场和速度场都发生了变化，流态也变得相对复杂。对单丁坝以及双丁坝进行研究，分析其流场特点及紊动动能分布，进一步得出其紊动特性规律，可加深对丁坝水流机理的认识，从而为用丁坝修复齐口裂腹鱼产卵场提供理论基础。

（3）丁坝上游因坝体阻挡产生局部壅水，水位陡增，当水流迅速绕过坝头后，丁坝下游水位急剧降落，再向下水位上升呈倒坡，并延伸到回流区以下；由于丁坝的存在，河道中行进的水流速度有所减缓，坝轴线以下，坝区回流外侧上主流的平均流速最大，往下则沿程减小。丁坝的设置压缩了河道的有效过水断面，在水流边界层产生分离流、旋转流、高紊动强度等水流现象。

（4）丁坝作用域随丁坝间距变化而变化。通过对概化河道修复前后的齐口裂腹鱼产卵场微生境适宜面积值进行数值模拟，可找到SAM值与流量、丁坝阻水率、丁坝间距的响应关系。

第五章　产卵场微生境相似度与丁坝
布置的响应关系研究

齐口裂腹鱼属于体外受精的鱼类，鱼卵属于沉性卵；在繁殖过程中通常选择水流混乱程度较高的水域进行交配，甚至只有水流达到一定混乱程度才会刺激交配行为的产生。齐口裂腹鱼产卵与否是由众多指标或参数彼此间复杂的牵连关系决定的，任何一项指数或参数都不能有太大的变化，因此，需要科学合理的产卵场水力微生境指标对鱼类产卵场水力特性进行分析，从定性研究走向定量研究，进行客观而有效的评估。

第一节　概化河道产卵场的单丁坝水力学效应研究

丁坝在鱼类栖息地修复中主要用来创造适宜流速的栖息环境，对提高河流生物多样性有明显的效果。水流中设置丁坝后，坝体下游将会产生漩涡，随着水流的速度场与压力场的变化，漩涡的分离与衰减又会使水流呈现很强的紊动特性；在上游突然形成收缩区，下游则类似骤然扩大，使流态变得极其复杂。受丁坝影响的水流，一部分转向绕坝头而下，另一部分则沿坝垂直下降而后转向，绕过坝头下潜，水流有一部分折向河底，进而绕过坝头，致使坝头附近分布也发生变形，自水面向底部流速及偏角都逐渐增大。

一、单丁坝产卵场微生境相似度

流速、水深、流速梯度、涡量、动能梯度以及弗劳德数这些鱼类产卵场所的水力生境特性与天然产卵场的相似程度，称为鱼类产卵场微生境相似度。鱼类学相关研究成果表明：适当的流速能刺激鱼类产卵，同时为鱼类的性腺发育提供充足的溶氧；水深过大会引起水体压强增大，不利于其鱼卵的孵化和仔鱼的生长；流速梯度是对流速的空间变化率的度量，可反映水流的复杂程度；涡运动在鱼类繁殖过程中具有重要作用，涡旋可以增强鱼类精卵的掺混强度，从而提高鱼卵的受精率；动能梯度可衡量鱼从一个位置移动到另一个位置所需能量的大小，是待产卵鱼对水力生境较敏感的变量；弗劳德数可以判别鱼类产卵时所需的水流的流态。因此，对齐口裂腹鱼产卵场微生境相似度的研究，可以在一定程度上为修复方案的设计提供相关的水力学依据。

研究修复河段丁坝附近水流的水力学效应，可加深对齐口裂腹鱼产卵场微生境水力特征的认识。根据式（2-15）计算概化河道修建单丁坝前后与天然产卵场水力微生境综合相似度，其计算结果见表5-1至表5-14。

表5-1　流量为18.69 m³/s单丁坝修复前后产卵场微生境指标Vague值

微生境相似度指标		平均水深	平均流速	平均流速梯度	平均动能梯度	平均弗劳德数	平均涡量
未修丁坝		[0.27,0.42]	[0.34,0.68]	[0.54,0.95]	[0.35,0.97]	[0.57,0.95]	[0.27,0.72]
阻水率	0.26	[0.29,0.45]	[0.39,0.77]	[0.56,0.95]	[0.93,0.76]	[0.46,0.97]	[0.28,0.75]
	0.36	[0.30,0.46]	[0.52,0.99]	[0.63,0.94]	[0.64,0.89]	[0.50,0.99]	[0.32,0.85]
	0.46	[0.33,0.50]	[0.75,0.90]	[0.68,0.93]	[0.48,0.66]	[0.53,0.97]	[0.33,0.88]

表5-2　流量为18.69 m³/s单丁坝修复前后产卵场微生境指标相似度计算值

修复前后产卵场微生境相似度指标			平均水深	平均流速	平均流速梯度	平均动能梯度	平均弗劳德数	平面平均涡量	综合相似度值
未修丁坝			0.481	0.559	0.586	0.550	0.917	0.582	0.612
阻水率	0.26	相似度	0.519	0.639	0.602	0.588	0.885	0.607	0.639
	0.36		0.524	0.839	0.669	0.619	0.806	0.685	0.690
	0.46		0.578	0.887	0.715	0.696	0.600	0.708	0.697

表5-3　流量为23.36 m³/s单丁坝修复前后产卵场微生境指标Vague值

微生境相似度指标		平均水深	平均流速	平均流速梯度	平均动能梯度	平均弗劳德数	平均涡量
未修丁坝		[0.29,0.45]	[0.37,0.72]	[0.56,0.95]	[0.39,0.99]	[0.72,0.87]	[0.28,0.74]
阻水率	0.25	[0.33,0.51]	[0.52,1.00]	[0.60,0.94]	[0.40,0.95]	[0.68,0.95]	[0.30,0.79]
	0.35	[0.34,0.52]	[0.63,0.95]	[0.66,0.93]	[0.47,0.93]	[0.59,0.81]	[0.33,0.88]
	0.45	[0.36,0.56]	[0.90,0.84]	[0.70,0.92]	[0.52,0.91]	[0.40,0.53]	[0.34,0.91]

表5-4　流量为23.36 m³/s单丁坝修复前后产卵场微生境指标相似度计算值

修复前后产卵场微生境相似度指标			平均水深	平均流速	平均流速梯度	平均动能梯度	平均弗劳德数	平面平均涡量	综合相似度值
未修丁坝		相似度	0.517	0.598	0.605	0.588	0.915	0.602	0.638
阻水率	0.25		0.590	0.834	0.637	0.604	0.863	0.638	0.694
	0.35		0.596	0.971	0.695	0.666	0.767	0.702	0.732
	0.45		0.642	0.757	0.736	0.720	0.483	0.729	0.677

表5-5　流量为28.04 m³/s单丁坝修复前后产卵场微生境指标Vague值

微生境相似度指标		平均水深	平均流速	平均流速梯度	平均动能梯度	平均弗劳德数	平均涡量
未修丁坝		[0.33,0.51]	[0.38,0.75]	[0.59,0.95]	[0.42,0.94]	[0.86,0.80]	[0.30,0.80]
阻水率	0.24	[0.37,0.57]	[0.63,0.95]	[0.62,0.94]	[0.47,0.93]	[0.62,0.86]	[0.32,0.85]
	0.34	[0.37,0.58]	[0.80,0.88]	[0.68,0.93]	[0.51,0.91]	[0.49,0.67]	[0.34,0.91]
	0.44	[0.39,0.59]	[0.76,0.89]	[0.72,0.92]	[0.54,0.90]	[0.35,0.48]	[0.35,0.94]

表5-6　流量为28.04 m³/s单丁坝修复前后产卵场微生境指标相似度计算值

修复前后产卵场微生境相似度指标			平均水深	平均流速	平均流速梯度	平均动能梯度	平均弗劳德数	平面平均涡量	综合相似度值
未修丁坝		相似度	0.585	0.624	0.628	0.619	0.912	0.642	0.668
阻水率	0.24		0.653	0.966	0.662	0.665	0.808	0.680	0.739
	0.34		0.658	0.832	0.719	0.706	0.611	0.731	0.709
	0.44		0.687	0.738	0.755	0.741	0.404	0.753	0.680

表5-7　流量为32.72 m³/s单丁坝修复前后产卵场微生境指标Vague值

微生境相似度指标		平均水深	平均流速	平均流速梯度	平均动能梯度	平均弗劳德数	平均涡量
未修丁坝		[0.35,0.54]	[0.41,0.80]	[0.62,0.94]	[0.45,0.94]	[0.72,0.99]	[0.32,0.85]
阻水率	0.23	[0.39,0.60]	[0.71,0.92]	[0.65,0.93]	[0.49,0.92]	[0.58,0.80]	[0.32,0.87]
	0.33	[0.39,0.61]	[0.83,0.92]	[0.69,0.93]	[0.53,0.91]	[0.42,0.58]	[0.35,0.93]
	0.43	[0.41,0.63]	[0.59,0.83]	[0.72,0.92]	[0.56,0.90]	[0.26,0.36]	[0.36,0.96]

表5-8 流量为32.72 m³/s单丁坝修复前后产卵场微生境指标相似度计算值

修复前后产卵场微生境相似度指标			平均水深	平均流速	平均流速梯度	平均动能梯度	平均弗劳德数	平面平均涡量	综合相似度值
未修丁坝		相似度	0.617	0.668	0.656	0.644	0.836	0.679	0.683
阻水率	0.23		0.692	0.940	0.692	0.689	0.754	0.694	0.744
	0.33		0.698	0.717	0.733	0.721	0.511	0.742	0.687
	0.43		0.728	0.671	0.768	0.754	0.287	0.768	0.662

表5-9 流量为37.40 m³/s单丁坝修复前后产卵场微生境指标Vague值

微生境相似度指标		平均水深	平均流速	平均流速梯度	平均动能梯度	平均弗劳德数	平均涡量
未修丁坝		[0.38,0.59]	[0.42,0.83]	[0.64,0.94]	[0.47,0.93]	[0.65,0.90]	[0.32,0.86]
阻水率	0.22	[0.41,0.62]	[0.78,0.89]	[0.67,0.93]	[0.51,0.91]	[0.54,0.75]	[0.34,0.89]
	0.32	[0.41,0.63]	[0.73,0.88]	[0.71,0.92]	[0.54,0.90]	[0.37,0.51]	[0.35,0.94]
	0.42	[0.43,0.66]	[0.44,0.78]	[0.76,0.91]	[0.57,0.89]	[0.18,0.25]	[0.37,0.99]

表5-10 流量为37.40 m³/s单丁坝修复前后产卵场微生境指标相似度计算值

修复前后产卵场微生境相似度指标			平均水深	平均流速	平均流速梯度	平均动能梯度	平均弗劳德数	平面平均涡量	综合相似度值
未修丁坝		相似度	0.679	0.698	0.675	0.667	0.834	0.691	0.707
阻水率	0.22		0.723	0.856	0.713	0.705	0.689	0.717	0.733
	0.32		0.728	0.749	0.745	0.734	0.434	0.755	0.690
	0.42		0.769	0.579	0.797	0.769	0.137	0.780	0.638

表5-11 流量为42.07 m³/s单丁坝修复前后产卵场微生境指标Vague值

微生境相似度指标		平均水深	平均流速	平均流速梯度	平均动能梯度	平均弗劳德数	平均涡量
未修丁坝		[0.39,0.60]	[0.43,0.84]	[0.65,0.93]	[0.49,0.92]	[0.61,0.84]	[0.33,0.88]
阻水率	0.21	[0.42,0.65]	[0.85,0.88]	[0.69,0.93]	[0.52,0.91]	[0.48,0.67]	[0.34,0.91]
	0.31	[0.43,0.65]	[0.62,0.84]	[0.72,0.92]	[0.55,0.90]	[0.34,0.48]	[0.36,0.96]
	0.41	[0.45,0.68]	[0.32,0.74]	[0.77,0.91]	[0.59,0.89]	[0.15,0.21]	[0.37,0.99]

表5-12　流量为42.07 m³/s单丁坝修复前后产卵场微生境指标相似度计算值

修复前后产卵场微生境相似度指标			平均水深	平均流速	平均流速梯度	平均动能梯度	平均弗劳德数	平面平均涡量	综合相似度值
未修丁坝		相似度	0.695	0.705	0.686	0.682	0.781	0.707	0.709
阻水率	0.21		0.758	0.757	0.729	0.718	0.605	0.733	0.716
	0.31		0.762	0.690	0.761	0.751	0.403	0.771	0.689
	0.41		0.800	0.512	0.809	0.784	0.140	0.793	0.639

表5-13　流量为46.75 m³/s单丁坝修复前后产卵场微生境指标Vague值

微生境相似度指标		平均水深	平均流速	平均流速梯度	平均动能梯度	平均弗劳德数	平均涡量
未修丁坝		[0.40,0.61]	[0.43,0.85]	[0.66,0.93]	[0.50,0.92]	[0.47,0.54]	[0.33,0.89]
阻水率	0.20	[0.43,0.67]	[0.81,0.97]	[0.71,0.92]	[0.53,0.91]	[0.42,0.59]	[0.35,0.93]
	0.30	[0.44,0.67]	[0.44,0.78]	[0.74,0.92]	[0.57,0.89]	[0.29,0.40]	[0.37,0.99]
	0.40	[0.45,0.70]	[0.16,0.70]	[0.79,0.91]	[0.60,0.88]	[0.11,0.15]	[0.41,0.99]

表5-14　流量为46.75 m³/s单丁坝修复前后产卵场微生境指标相似度计算值

修复前后产卵场微生境相似度指标			平均水深	平均流速	平均流速梯度	平均动能梯度	平均弗劳德数	平面平均涡量	综合相似度值
未修丁坝		相似度	0.705	0.717	0.700	0.697	0.685	0.716	0.703
阻水率	0.20		0.778	0.671	0.745	0.730	0.519	0.745	0.698
	0.30		0.781	0.583	0.780	0.767	0.321	0.783	0.669
	0.40		0.819	0.423	0.833	0.803	0.074	0.819	0.628

　　从表5-1至表5-14中可以发现：经修复后产卵河段微生境综合相似度与修复前相比，都有较大改观；丁坝在各项指标（除平均流速指标外）表现方面比修复前的效果要好。而在平均流速指标方面，由于受流量、阻水率及地形因素的影响，其修复效果起伏不定，但差异不大。同时，在同一流量下，只有合适的阻水率才能达到最佳的修复效果；综合相似度随流量与丁坝阻水率的增大而稳步上升。丁坝作用域随着丁坝有效长度的增加而增加，但当丁坝有效长度大于修建前丁坝水面宽的一半时，作用域增幅不明显；因此，丁坝的修建一般不应超过原始水面宽的一半。

二、产卵场微生境相似度与单丁坝布置的响应关系

齐口裂腹鱼产卵与否是由众多指标或参数彼此间复杂的牵连关系决定的，如水温、pH值、海拔高度、溶解氧、流速、水深、水位、涡量等，本书仅对影响齐口裂腹鱼产卵的水力学相关指标进行研究。

图5-1至图5-7中，S_{SIM_H}，S_{SIM_V}，S_{SIM_GV}，S_{SIM_GK}，S_{SIM_Fr}，S_{SIM_Vo}及$S_{SIM\_Composite}$分别表示经丁坝修复后齐口裂腹鱼产卵场水深相似度、流速相似度、流速梯度相似度、动能梯度相似度、弗劳德数相似度、涡量相似度与各项指标的综合相似度。

由于SIM是多因素综合作用的结果，本节相关曲线须结合第四章表4-2与表4-3进行分析。图5-1至图5-7为概化河道采取工程措施后，齐口裂腹鱼产卵场SIM与流量、丁坝阻水率之间的响应关系曲线。除S_{SIM_V}，S_{SIM_Fr}与$S_{SIM\_Composite}$之外，S_{SIM_H}，S_{SIM_GV}，S_{SIM_GK}及S_{SIM_Vo}与流量、阻水率变化关系大体一致，即随着流量、阻水率的增加而增加。S_{SIM_Fr}整体随着流量增大单调递减，在同一流量下随阻水率的增大呈下降趋势。S_{SIM_V}随流量、阻水率变化并非单纯的线性增加，其变化趋势是流量与丁坝阻水率综合作用的结果；流量较大时，若阻水率也较大，则会使丁坝作用域内的流速过大。根据第二章表2-2可知，当流速达到齐口裂腹鱼繁殖期间适宜速度的峰值后，随着流量的进一步增加，流速的适宜性会降低，从而修复区域流速的相似度值也会降低；反之，则会升高。$S_{SIM\_Composite}$随流量总体上呈现出衰减趋势，而随阻水率的变化波动较大，较为复杂。

由图5-1至图5-7可知：SIM主要受来流条件、丁坝阻水率（丁坝长度）、河床边界条件等因素的影响；来流大小对SIM的影响最为直接，因为来流大小直接决定着河道水深与流速的大小；而阻水率与丁坝间距则与SIM值的大小有直接联系。而综合相似度受各指标相似度的影响，因此，单一因素很难准确描述与预测这种复杂的响应关系。

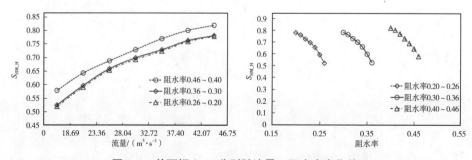

图5-1　单丁坝S_{SIM_H}分别随流量、阻水率变化关系

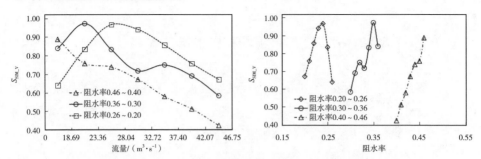

图5-2　单丁坝S_{SIM_V}分别随流量、阻水率变化关系

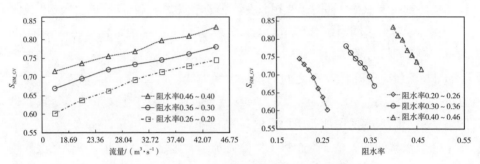

图5-3　单丁坝S_{SIM_GV}分别随流量、阻水率变化关系

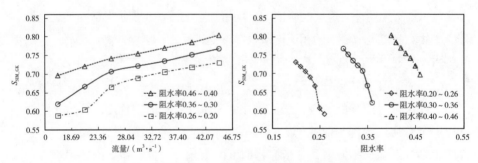

图5-4　单丁坝S_{SIM_GK}分别随流量、阻水率变化关系

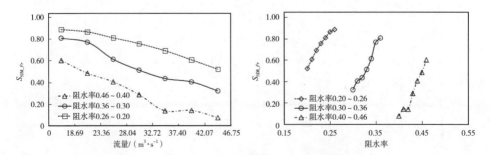

图5-5　单丁坝S_{SIM_Fr}分别随流量、阻水率变化关系

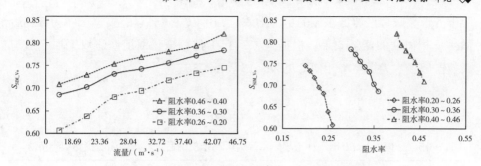

图5-6　单丁坝S_{SIM_Vo}分别随流量、阻水率变化关系

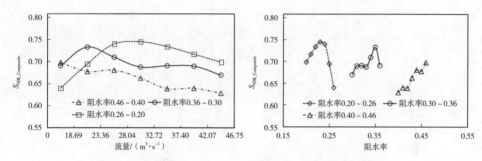

图5-7　单丁坝$S_{SIM\_Composite}$分别随流量、阻水率变化关系

第二节　概化河道产卵场的双丁坝水力学效应研究

在实际河流修复工程中，丁坝通常以群的形式对河流系统施加影响，在一定范围内丁坝群相互影响，一旦超出此范围，这种作用就会逐渐减弱；丁坝之间的相互影响随着丁坝阻水率与坝间距的变化而变化，并以整体的形式发挥作用。

一、双丁坝产卵场微生境相似度

根据前人研究，河道沿程修建多个丁坝后，丁坝间的相互影响，使相邻上下两丁坝的横断面的垂线方向各项水力参数（包括水深、流速、流速梯度、涡量和动能梯度等）分布存在一定的差异，即在同一流量下，丁坝间距不同直接或间接影响鱼类产卵微生境相似度各指标值。因此，研究修复河段不同丁坝间距下齐口裂腹鱼产卵区水流的水力学效应，可以知道齐口裂腹鱼产卵场修复后微生境相似度的修复效果。根据式（2-15）计算概化河道修建双丁坝前后与天然产卵场水力微生境相似度见表5-15至表5-56。

表5-15　流量为18.69 m³/s、丁坝阻水率为0.26修复前后产卵场微生境指标Vague值

微生境相似度指标	平均水深	平均流速	平均流速梯度	平均动能梯度	平均弗劳德数	平均涡量
未修丁坝	[0.27,0.42]	[0.34,0.68]	[0.54,0.95]	[0.35,0.97]	[0.79,0.88]	[0.27,0.72]
间距/m 14.38	[0.30,0.46]	[0.38,0.75]	[0.59,0.94]	[0.44,0.95]	[0.77,0.91]	[0.29,0.77]
21.57	[0.30,0.45]	[0.41,0.80]	[0.68,0.93]	[0.46,0.93]	[0.74,0.96]	[0.33,0.89]
28.76	[0.29,0.45]	[0.41,0.81]	[0.70,0.92]	[0.52,0.91]	[0.74,0.97]	[0.34,0.90]

表5-16　流量为18.69 m³/s、丁坝阻水率为0.26修复前后产卵场微生境指标相似度计算值

修复前后产卵场微生境相似度指标		平均水深	平均流速	平均流速梯度	平均动能梯度	平均弗劳德数	平面平均涡量	综合相似度值
未修丁坝	相似度	0.483	0.560	0.586	0.550	0.893	0.582	0.609
间距/m 14.38		0.524	0.625	0.629	0.559	0.872	0.619	0.638
21.57		0.523	0.672	0.720	0.650	0.868	0.708	0.690
28.76		0.521	0.680	0.738	0.712	0.861	0.721	0.705

表5-17　流量为18.69 m³/s、丁坝阻水率为0.36修复前后产卵场微生境指标Vague值

微生境相似度指标	平均水深	平均流速	平均流速梯度	平均动能梯度	平均弗劳德数	平均涡量
未修丁坝	[0.27,0.42]	[0.34,0.68]	[0.54,0.95]	[0.35,0.97]	[0.78,0.88]	[0.27,0.72]
间距/m 21.14	[0.30,0.46]	[0.51,1.00]	[0.64,0.94]	[0.42,0.95]	[0.66,0.91]	[0.31,0.83]
31.71	[0.30,0.46]	[0.55,0.98]	[0.69,0.93]	[0.50,0.92]	[0.62,0.86]	[0.34,0.90]
42.28	[0.30,0.45]	[0.56,0.98]	[0.73,0.92]	[0.55,0.90]	[0.61,0.84]	[0.34,0.92]

表5-18 流量为18.69 m³/s、丁坝阻水率为0.36修复前后产卵场微生境指标相似度计算值

修复前后产卵场微生境相似度指标		平均水深	平均流速	平均流速梯度	平均动能梯度	平均弗劳德数	平面平均涡量	综合相似度值
未修丁坝		0.485	0.562	0.588	0.551	0.887	0.582	0.609
间距/m	21.14	相似度	0.530	0.828	0.674	0.618	0.841	0.670	0.693
	31.71		0.527	0.869	0.732	0.696	0.808	0.708	0.723
	42.28		0.525	0.884	0.768	0.735	0.796	0.733	0.740

表5-19 流量为18.69 m³/s、丁坝阻水率为0.46修复前后产卵场微生境指标Vague值

微生境相似度指标		平均水深	平均流速	平均流速梯度	平均动能梯度	平均弗劳德数	平均涡量
未修丁坝		[0.27,0.41]	[0.35,0.68]	[0.55,0.95]	[0.35,0.97]	[0.78,0.89]	[0.27,0.72]
间距/m	28.78	[0.33,0.50]	[0.72,0.91]	[0.63,0.94]	[0.46,0.93]	[0.51,0.70]	[0.31,0.82]
	43.17	[0.34,0.53]	[0.73,0.91]	[0.67,0.93]	[0.51,0.91]	[0.52,0.71]	[0.34,0.89]
	57.56	[0.34,0.52]	[0.73,0.91]	[0.71,0.92]	[0.54,0.89]	[0.51,0.71]	[0.35,0.93]

表5-20 流量为18.69 m³/s、丁坝阻水率为0.46修复前后产卵场微生境指标相似度计算值

修复前后产卵场微生境相似度指标		平均水深	平均流速	平均流速梯度	平均动能梯度	平均弗劳德数	平面平均涡量	综合相似度值
未修丁坝		0.476	0.564	0.591	0.556	0.880	0.586	0.608
间距/m	28.78	相似度	0.578	0.923	0.669	0.653	0.640	0.656	0.686
	43.17		0.607	0.907	0.711	0.706	0.655	0.722	0.718
	57.56		0.601	0.918	0.752	0.743	0.649	0.741	0.734

表5-21 流量为23.36 m³/s、丁坝阻水率为0.25修复前后产卵场微生境指标Vague值

微生境相似度指标		平均水深	平均流速	平均流速梯度	平均动能梯度	平均弗劳德数	平均涡量
未修丁坝		[0.29,0.45]	[0.37,0.72]	[0.56,0.95]	[0.39,0.99]	[0.72,0.99]	[0.28,0.74]
间距/m	14.94	[0.33,0.51]	[0.51,1.00]	[0.59,0.94]	[0.42,0.94]	[0.69,0.95]	[0.31,0.83]
	22.41	[0.33,0.51]	[0.52,0.99]	[0.67,0.93]	[0.48,0.92]	[0.68,0.94]	[0.34,0.89]
	29.88	[0.33,0.51]	[053,0.99]	[0.71,0.91]	[0.54,0.90]	[0.67,0.93]	[0.35,0.93]

表5–22　流量为23.36 m³/s、丁坝阻水率为0.25修复前后产卵场微生境指标相似度计算值

修复前后产卵场微生境相似度指标		平均水深	平均流速	平均流速梯度	平均动能梯度	平均弗劳德数	平面平均涡量	综合相似度值
未修丁坝		相似度	0.520	0.598	0.605	0.588	0.871	0.602	0.630
间距/m	21.14		0.590	0.828	0.633	0.618	0.862	0.665	0.699
	31.71		0.589	0.839	0.708	0.681	0.861	0.716	0.732
	42.28		0.586	0.844	0.749	0.732	0.857	0.742	0.751

表5–23　流量为23.36 m³/s、丁坝阻水率为0.35修复前后产卵场微生境指标Vague值

微生境相似度指标		平均水深	平均流速	平均流速梯度	平均动能梯度	平均弗劳德数	平均涡量
未修丁坝		[0.30,0.45]	[0.37,0.72]	[0.57,0.95]	[0.39,0.95]	[0.71,0.99]	[0.28,0.75]
间距/m	21.56	[0.34,0.52]	[0.63,0.95]	[0.61,0.94]	[0.44,0.94]	[0.59,0.82]	[0.32,0.85]
	32.34	[0.34,0.52]	[0.66,0.94]	[0.69,0.93]	[0.50,0.92]	[0.57,0.79]	[0.34,0.91]
	43.12	[0.33,0.51]	[0.67,0.93]	[0.70,0.92]	[0.55,0.90]	[0.56,0.77]	[0.36,0.94]

表5–24　流量为23.36 m³/s、丁坝阻水率为0.35修复前后产卵场微生境指标相似度计算值

修复前后产卵场微生境相似度指标		平均水深	平均流速	平均流速梯度	平均动能梯度	平均弗劳德数	平面平均涡量	综合相似度值
未修丁坝		相似度	0.522	0.602	0.611	0.594	0.842	0.606	0.629
间距/m	21.56		0.595	0.966	0.651	0.637	0.736	0.685	0.711
	32.34		0.594	0.999	0.725	0.700	0.731	0.732	0.746
	43.12		0.591	0.989	0.743	0.743	0.722	0.753	0.756

表5–25　流量为23.36 m³/s、丁坝阻水率为0.45修复前后产卵场微生境指标Vague值

微生境相似度指标		平均水深	平均流速	平均流速梯度	平均动能梯度	平均弗劳德数	平均涡量
未修丁坝		[0.29,0.45]	[0.37,0.72]	[0.56,0.95]	[0.39,0.96]	[0.71,0.98]	[0.28,0.75]
间距/m	29.92	[0.37,0.57]	[0.87,0.86]	[0.67,0.93]	[0.50,0.92]	[0.44,0.61]	[0.34,0.90]
	44.88	[0.38,0.59]	[0.87,0.85]	[0.70,0.92]	[0.53,0.91]	[0.45,0.62]	[0.35,0.93]
	59.84	[0.38,0.58]	[0.87,0.85]	[0.72,0.92]	[0.56,0.90]	[0.44,0.61]	[0.36,0.96]

表5-26 流量为23.36 m³/s、丁坝阻水率为0.45修复前后产卵场微生境指标相似度计算值

修复前后产卵场微生境相似度指标		平均水深	平均流速	平均流速梯度	平均动能梯度	平均弗劳德数	平面平均涡量	综合相似度值
未修丁坝		0.519	0.599	0.605	0.590	0.845	0.603	0.626
间距/m	29.92	相似度	0.658	0.776	0.708	0.695	0.546	0.719	0.683
	44.88		0.676	0.766	0.737	0.721	0.551	0.745	0.699
	59.84		0.673	0.762	0.755	0.753	0.543	0.766	0.708

表5-27 流量为28.04 m³/s、丁坝阻水率为0.24修复前后产卵场微生境指标Vague值

微生境相似度指标		平均水深	平均流速	平均流速梯度	平均动能梯度	平均弗劳德数	平均涡量
未修丁坝		[0.36,0.55]	[0.38,0.75]	[0.59,0.95]	[0.42,0.94]	[0.64,0.89]	[0.30,0.80]
间距/m	15.28	[0.37,0.57]	[0.62,0.95]	[0.66,0.93]	[0.50,0.92]	[0.63,0.87]	[0.33,0.88]
	22.92	[0.37,0.57]	[0.63,0.95]	[0.70,0.92]	[0.53,0.91]	[0.63,0.87]	[0.35,0.93]
	30.56	[0.37,0.57]	[0.63,0.95]	[0.73,0.92]	[0.56,0.90]	[0.62,0.86]	[0.36,0.96]

表5-28 流量为28.04 m³/s、丁坝阻水率为0.24修复前后产卵场微生境指标相似度计算值

修复前后产卵场微生境相似度指标		平均水深	平均流速	平均流速梯度	平均动能梯度	平均弗劳德数	平面平均涡量	综合相似度值
未修丁坝		0.587	0.626	0.629	0.621	0.826	0.643	0.655
间距/m	15.28	相似度	0.657	0.954	0.702	0.693	0.817	0.709	0.755
	22.92		0.654	0.960	0.743	0.727	0.812	0.747	0.773
	30.56		0.651	0.966	0.767	0.754	0.807	0.766	0.785

表5-29 流量为28.04 m³/s、丁坝阻水率为0.34修复前后产卵场微生境指标Vague值

微生境相似度指标		平均水深	平均流速	平均流速梯度	平均动能梯度	平均弗劳德数	平均涡量
未修丁坝		[0.33,0.51]	[0.38,0.75]	[0.59,0.94]	[0.42,0.94]	[0.64,0.88]	[0.30,0.80]
间距/m	22.18	[0.37,0.57]	[0.77,0.89]	[0.68,0.93]	[0.52,0.91]	[0.51,0.71]	[0.33,0.89]
	33.27	[0.37,0.57]	[0.80,0.88]	[0.70,0.92]	[0.55,0.90]	[0.49,0.67]	[0.35,0.95]
	44.36	[0.37,0.57]	[0.81,0.88]	[0.74,0.92]	[0.58,0.89]	[0.48,0.67]	[0.37,0.98]

表5-30 流量为28.04 m³/s、丁坝阻水率为0.34修复前后产卵场微生境指标相似度计算值

修复前后产卵场微生境相似度指标			平均水深	平均流速	平均流速梯度	平均动能梯度	平均弗劳德数	平面平均涡量	综合相似度值
未修丁坝		相似度	0.589	0.628	0.630	0.622	0.823	0.644	0.656
间距/m	22.18		0.659	0.867	0.720	0.712	0.651	0.715	0.720
	33.27		0.658	0.832	0.759	0.744	0.611	0.757	0.726
	44.36		0.662	0.827	0.783	0.779	0.608	0.777	0.739

表5-31 流量为28.04 m³/s、丁坝阻水率为0.44修复前后产卵场微生境指标Vague值

微生境相似度指标		平均水深	平均流速	平均流速梯度	平均动能梯度	平均弗劳德数	平均涡量
未修丁坝		[0.33,0.51]	[0.38,0.75]	[0.59,0.95]	[0.42,0.94]	[0.63,0.88]	[0.30,0.80]
间距/m	30.46	[0.40,0.61]	[0.80,0.99]	[0.70,0.92]	[0.53,0.91]	[0.37,0.51]	[0.34,0.90]
	45.69	[0.41,0.62]	[0.80,0.99]	[0.73,0.92]	[0.56,0.90]	[0.37,0.52]	[0.36,0.96]
	60.92	[0.41,0.63]	[0.80,1.00]	[0.76,0.91]	[0.59,0.89]	[0.38,0.52]	[0.38,0.99]

表5-32 流量为28.04 m³/s、丁坝阻水率为0.44修复前后产卵场微生境指标相似度计算值

修复前后产卵场微生境相似度指标			平均水深	平均流速	平均流速梯度	平均动能梯度	平均弗劳德数	平面平均涡量	综合相似度值
未修丁坝		相似度	0.585	0.623	0.628	0.619	0.819	0.641	0.652
间距/m	30.46		0.704	0.650	0.739	0.729	0.435	0.722	0.663
	45.69		0.723	0.646	0.768	0.758	0.445	0.768	0.684
	60.92		0.733	0.641	0.799	0.792	0.448	0.791	0.701

表5-33 流量为32.72 m³/s、丁坝阻水率为0.23修复前后产卵场微生境指标Vague值

微生境相似度指标		平均水深	平均流速	平均流速梯度	平均动能梯度	平均弗劳德数	平均涡量
未修丁坝		[0.35,0.54]	[0.41,0.80]	[0.62,0.94]	[0.45,0.93]	[0.57,0.79]	[0.32,0.85]
间距/m	15.46	[0.39,0.60]	[0.43,0.85]	[0.68,0.93]	[0.51,0.91]	[0.60,0.83]	[0.34,0.80]
	23.19	[0.39,0.60]	[0.68,0.93]	[0.71,0.92]	[0.55,0.90]	[0.60,0.83]	[0.35,0.94]
	30.92	[0.39,0.60]	[0.69,0.93]	[0.74,0.92]	[0.58,0.89]	[0.59,0.82]	[0.37,0.98]

表5-34　流量为32.72 m³/s、丁坝阻水率为0.23修复前后产卵场微生境指标相似度计算值

修复前后产卵场微生境相似度指标		平均水深	平均流速	平均流速梯度	平均动能梯度	平均弗劳德数	平面平均涡量	综合相似度值
未修丁坝		0.619	0.669	0.658	0.646	0.739	0.680	0.668
间距/m	15.46	相似度	0.696	0.972	0.709	0.705	0.790	0.719	0.765
	23.19		0.748	0.967	0.745	0.744	0.784	0.751	0.789
	30.92		0.692	0.962	0.780	0.776	0.777	0.776	0.793

表5-35　流量为32.72 m³/s、丁坝阻水率为0.33修复前后产卵场微生境指标Vague值

微生境相似度指标		平均水深	平均流速	平均流速梯度	平均动能梯度	平均弗劳德数	平均涡量
未修丁坝		[0.35,0.54]	[0.41,0.80]	[0.62,0.94]	[0.45,0.93]	[0.57,0.78]	[0.32,0.85]
间距/m	22.58	[0.41,0.62]	[0.85,0.86]	[0.68,0.93]	[0.52,0.91]	[0.48,0.67]	[0.34,0.91]
	33.87	[0.39,0.60]	[0.87,0.85]	[0.72,0.92]	[0.56,0.90]	[0.46,0.63]	[0.36,0.96]
	45.16	[0.39,0.60]	[0.86,0.85]	[0.77,0.91]	[0.59,0.89]	[0.46,0.64]	[0.39,0.99]

表5-36　流量为32.72 m³/s、丁坝阻水率为0.33修复前后产卵场微生境指标相似度计算值

修复前后产卵场微生境相似度指标		平均水深	平均流速	平均流速梯度	平均动能梯度	平均弗劳德数	平面平均涡量	综合相似度值
未修丁坝		0.621	0.671	0.660	0.647	0.733	0.681	0.668
间距/m	22.58	相似度	0.723	0.780	0.715	0.718	0.605	0.728	0.711
	33.87		0.698	0.762	0.756	0.755	0.564	0.766	0.716
	45.16		0.695	0.771	0.805	0.790	0.572	0.797	0.738

表5-37　流量为32.72 m³/s、丁坝阻水率为0.43修复前后产卵场微生境指标Vague值

微生境相似度指标		平均水深	平均流速	平均流速梯度	平均动能梯度	平均弗劳德数	平均涡量
未修丁坝		[0.35,0.54]	[0.40,0.80]	[0.62,0.94]	[0.45,0.94]	[0.56,0.68]	[0.32,0.84]
间距/m	31.04	[0.41,0.63]	[0.52,0.80]	[0.69,0.93]	[0.53,0.91]	[0.28,0.39]	[0.34,0.92]
	45.56	[0.41,0.64]	[0.51,0.80]	[0.73,0.92]	[0.57,0.89]	[0.29,0.40]	[0.36,0.99]
	62.08	[0.42,0.65]	[0.43,0.77]	[0.78,0.91]	[0.61,0.88]	[0.27,0.37]	[0.40,0.99]

表5-38　流量为32.72 m³/s、丁坝阻水率为0.43修复前后产卵场微生境指标相似度计算值

修复前后产卵场微生境相似度指标		平均水深	平均流速	平均流速梯度	平均动能梯度	平均弗劳德数	平面平均涡量	综合相似度值
未修丁坝		相似度	0.616	0.665	0.655	0.643	0.726	0.678	0.663
间距/m	31.04		0.728	0.626	0.727	0.728	0.317	0.733	0.643
	45.56		0.739	0.625	0.768	0.770	0.324	0.771	0.666
	62.08		0.757	0.574	0.817	0.808	0.293	0.807	0.676

表5-39　流量为37.40 m³/s、丁坝阻水率为0.22修复前后产卵场微生境指标Vague值

微生境相似度指标		平均水深	平均流速	平均流速梯度	平均动能梯度	平均弗劳德数	平均涡量
未修丁坝		[0.38,0.59]	[0.42,0.84]	[0.64,0.94]	[0.47,0.93]	[0.50,0.69]	[0.32,0.86]
间距/m	15.26	[0.41,0.63]	[0.77,0.89]	[0.69,0.93]	[0.52,0.91]	[0.55,0.76]	[0.34,0.91]
	22.89	[0.41,0.63]	[0.78,0.89]	[0.72,0.92]	[0.55,0.90]	[0.54,0.75]	[0.36,0.95]
	30.52	[0.41,0.63]	[0.78,0.89]	[0.77,0.91]	[0.58,0.89]	[0.54,0.75]	[0.38,0.99]

表5-40　流量为37.40 m³/s、丁坝阻水率为0.22修复前后产卵场微生境指标相似度计算值

修复前后产卵场微生境相似度指标		平均水深	平均流速	平均流速梯度	平均动能梯度	平均弗劳德数	平面平均涡量	综合相似度值
未修丁坝		相似度	0.680	0.700	0.676	0.669	0.633	0.692	0.675
间距/m	15.26		0.734	0.867	0.725	0.715	0.708	0.732	0.746
	22.89		0.732	0.856	0.761	0.749	0.696	0.755	0.758
	30.52		0.731	0.851	0.809	0.783	0.690	0.794	0.776

表5-41　流量为37.40 m³/s、丁坝阻水率为0.32修复前后产卵场微生境指标Vague值

微生境相似度指标		平均水深	平均流速	平均流速梯度	平均动能梯度	平均弗劳德数	平均涡量
未修丁坝		[0.38,0.59]	[0.42,0.84]	[0.64,0.94]	[0.47,0.93]	[0.50,0.69]	[0.32,0.86]
间距/m	22.86	[0.41,0.63]	[0.93,0.83]	[0.70,0.92]	[0.53,0.91]	[0.43,0.59]	[0.35,0.93]
	34.29	[0.41,0.64]	[0.81,0.98]	[0.73,0.92]	[0.56,0.90]	[0.40,0.55]	[0.36,0.96]
	45.72	[0.42,0.64]	[0.81,0.98]	[0.78,0.91]	[0.58,0.89]	[0.39,0.54]	[0.40,0.99]

表5-42　流量为37.40 m³/s、丁坝阻水率为0.32修复前后产卵场微生境指标相似度计算值

修复前后产卵场微生境相似度指标			平均水深	平均流速	平均流速梯度	平均动能梯度	平均弗劳德数	平面平均涡量	综合相似度值
未修丁坝			0.681	0.701	0.676	0.670	0.627	0.693	0.674
间距/m	22.86	相似度	0.736	0.700	0.737	0.727	0.522	0.743	0.694
	34.29		0.740	0.662	0.773	0.761	0.479	0.769	0.697
	45.72		0.741	0.654	0.822	0.805	0.470	0.814	0.717

表5-43　流量为37.40 m³/s、丁坝阻水率为0.42修复前后产卵场微生境指标Vague值

微生境相似度指标		平均水深	平均流速	平均流速梯度	平均动能梯度	平均弗劳德数	平均涡量
未修丁坝		[0.38,0.59]	[0.42,0.83]	[0.64,0.94]	[0.47,0.93]	[0.49,0.68]	[0.32,0.86]
间距/m	31.52	[0.43,0.67]	[0.53,0.77]	[0.71,0.92]	[0.54,0.90]	[0.27,0.37]	[0.35,0.94]
	47.28	[0.44,0.68]	[0.44,0.73]	[0.75,0.91]	[0.59,0.89]	[0.23,0.32]	[0.38,0.97]
	63.04	[0.44,0.67]	[0.42,0.73]	[0.79,0.91]	[0.62,0.88]	[0.22,0.31]	[0.42,0.99]

表5-44　流量为37.40 m³/s、丁坝阻水率为0.42修复前后产卵场微生境指标相似度计算值

修复前后产卵场微生境相似度指标			平均水深	平均流速	平均流速梯度	平均动能梯度	平均弗劳德数	平面平均涡量	综合相似度值
未修丁坝			0.677	0.697	0.674	0.666	0.620	0.690	0.670
间距/m	31.52	相似度	0.776	0.642	0.750	0.741	0.298	0.756	0.661
	47.28		0.788	0.588	0.797	0.784	0.248	0.790	0.665
	63.04		0.785	0.575	0.831	0.819	0.232	0.829	0.678

表5-45　流量为42.07 m³/s、丁坝阻水率为0.21修复前后产卵场微生境指标Vague值

微生境相似度指标		平均水深	平均流速	平均流速梯度	平均动能梯度	平均弗劳德数	平均涡量
未修丁坝		[0.39,0.60]	[0.43,0.84]	[0.65,0.93]	[0.49,0.92]	[0.44,0.61]	[0.33,0.88]
间距/m	15.08	[0.43,0.66]	[0.85,0.86]	[0.71,0.92]	[0.54,0.91]	[0.50,0.69]	[0.34,0.91]
	22.62	[0.43,0.65]	[0.85,0.88]	[0.74,0.92]	[0.57,0.88]	[0.48,0.67]	[0.37,0.98]
	30.16	[0.42,0.65]	[0.85,0.88]	[0.78,0.91]	[0.60,0.88]	[0.48,0.66]	[0.40,0.99]

表5-46　流量为42.07 m³/s、丁坝阻水率为0.21修复前后产卵场微生境指标相似度计算值

修复前后产卵场微生境相似度指标			平均水深	平均流速	平均流速梯度	平均动能梯度	平均弗劳德数	平面平均涡量	综合相似度值
未修丁坝		相似度	0.696	0.706	0.687	0.683	0.543	0.709	0.670
间距/m	15.08		0.769	0.771	0.743	0.731	0.628	0.745	0.731
	22.62		0.761	0.753	0.779	0.764	0.602	0.783	0.740
	30.16		0.758	0.748	0.822	0.798	0.595	0.807	0.754

表5-47　流量为42.07 m³/s、丁坝阻水率为0.31修复前后产卵场微生境指标Vague值

微生境相似度指标		平均水深	平均流速	平均流速梯度	平均动能梯度	平均弗劳德数	平均涡量
未修丁坝		[0.39,0.60]	[0.42,0.83]	[0.64,0.93]	[0.48,0.92]	[0.42,0.58]	[0.33,0.88]
间距/m	22.62	[0.43,0.66]	[0.74,0.88]	[0.72,0.92]	[0.55,0.90]	[0.39,0.54]	[0.35,0.94]
	33.93	[0.44,0.68]	[0.47,0.93]	[0.76,0.91]	[0.58,0.89]	[0.38,0.53]	[0.38,0.99]
	45.24	[0.43,0.66]	[0.66,0.85]	[0.79,0.91]	[0.61,0.88]	[0.37,0.51]	[0.41,0.99]

表5-48　流量为42.07 m³/s、丁坝阻水率为0.31修复前后产卵场微生境指标相似度计算值

修复前后产卵场微生境相似度指标			平均水深	平均流速	平均流速梯度	平均动能梯度	平均弗劳德数	平面平均涡量	综合相似度值
未修丁坝		相似度	0.692	0.703	0.683	0.680	0.506	0.704	0.661
间距/m	22.62		0.764	0.746	0.755	0.742	0.468	0.754	0.704
	33.93		0.771	0.745	0.798	0.776	0.459	0.791	0.723
	45.24		0.775	0.712	0.834	0.807	0.432	0.818	0.729

表5-49　流量为42.07 m³/s、丁坝阻水率为0.41修复前后产卵场微生境指标Vague值

微生境相似度指标		平均水深	平均流速	平均流速梯度	平均动能梯度	平均弗劳德数	平均涡量
未修丁坝		[0.39,0.60]	[0.42,0.84]	[0.64,0.94]	[0.48,0.92]	[0.41,0.57]	[0.33,0.87]
间距/m	31.26	[0.45,0.69]	[0.29,0.69]	[0.73,0.92]	[0.56,0.90]	[0.18,0.24]	[0.36,0.96]
	46.89	[0.46,0.70]	[0.28,0.68]	[0.77,0.91]	[0.59,0.89]	[0.16,0.25]	[0.39,0.99]
	62.52	[0.46,0.71]	[0.26,0.68]	[0.80,0.90]	[0.62,0.88]	[0.18,0.25]	[0.42,0.99]

表5-50　流量为42.07 m³/s、丁坝阻水率为0.41修复前后产卵场微生境指标相似度计算值

修复前后产卵场微生境相似度指标			平均水深	平均流速	平均流速梯度	平均动能梯度	平均弗劳德数	平面平均涡量	综合相似度值
未修丁坝		相似度	0.689	0.701	0.679	0.679	0.497	0.702	0.657
间距/m	31.26		0.807	0.502	0.767	0.753	0.168	0.767	0.627
	46.89		0.825	0.498	0.809	0.787	0.177	0.804	0.650
	62.52		0.837	0.486	0.847	0.821	0.173	0.830	0.665

表5-51　流量为46.75 m³/s、丁坝阻水率为0.20修复前后产卵场微生境指标Vague值

微生境相似度指标		平均水深	平均流速	平均流速梯度	平均动能梯度	平均弗劳德数	平均涡量
未修丁坝		[0.40,0.61]	[0.43,0.85]	[0.66,0.93]	[0.50,0.92]	[0.38,0.52]	[0.34,0.90]
间距/m	14.82	[0.43,0.67]	[0.82,0.95]	[0.72,0.92]	[0.55,0.90]	[0.44,0.60]	[0.36,0.95]
	22.23	[0.44,0.67]	[0.82,0.96]	[0.76,0.91]	[0.60,0.88]	[0.43,0.60]	[0.37,0.99]
	29.64	[0.44,0.67]	[0.81,0.97]	[0.81,0.90]	[0.62,0.88]	[0.43,0.59]	[0.41,0.99]

表5-52　流量为46.75 m³/s、丁坝阻水率为0.20修复前后产卵场微生境指标相似度计算值

修复前后产卵场微生境相似度指标			平均水深	平均流速	平均流速梯度	平均动能梯度	平均弗劳德数	平面平均涡量	综合相似度值
未修丁坝		相似度	0.704	0.715	0.702	0.699	0.450	0.718	0.664
间距/m	14.82		0.778	0.683	0.754	0.745	0.534	0.758	0.708
	22.23		0.781	0.678	0.802	0.796	0.530	0.783	0.728
	29.64		0.825	0.671	0.852	0.820	0.525	0.819	0.752

表5-53　流量为46.75 m³/s、丁坝阻水率为0.30修复前后产卵场微生境指标Vague值

微生境相似度指标		平均水深	平均流速	平均流速梯度	平均动能梯度	平均弗劳德数	平均涡量
未修丁坝		[0.39,0.61]	[0.43,0.85]	[0.67,0.93]	[0.51,0.92]	[0.33,0.46]	[0.34,0.90]
间距/m	22.32	[0.44,0.68]	[0.52,0.76]	[0.73,0.92]	[0.56,0.90]	[0.32,0.45]	[0.37,0.99]
	33.48	[0.44,0.68]	[0.51,0.76]	[0.79,0.91]	[0.62,0.88]	[0.32,0.44]	[0.39,0.99]
	44.64	[0.44,0.68]	[0.48,0.75]	[0.83,0.90]	[0.65,0.87]	[0.31,0.43]	[0.42,0.99]

表5–54 流量为46.75 m³/s、丁坝阻水率为0.30修复前后产卵场微生境指标相似度计算值

修复前后产卵场微生境相似度指标		平均水深	平均流速	平均流速梯度	平均动能梯度	平均弗劳德数	平面平均涡量	综合相似度值
未修丁坝		0.702	0.712	0.705	0.701	0.385	0.719	0.654
间距/m	22.32	相似度	0.788	0.636	0.769	0.758	0.370	0.781	0.683
	33.48		0.795	0.628	0.830	0.816	0.366	0.805	0.706
	44.64		0.798	0.615	0.875	0.849	0.354	0.832	0.720

表5–55 流量为46.75 m³/s、丁坝阻水率为0.40修复前后产卵场微生境指标Vague值

微生境相似度指标		平均水深	平均流速	平均流速梯度	平均动能梯度	平均弗劳德数	平均涡量
未修丁坝		[0.40,0.61]	[0.43,0.84]	[0.67,0.93]	[0.51,0.91]	[0.33,0.45]	[0.34,0.90]
间距/m	31.14	[0.46,0.71]	[0.16,0.65]	[0.77,0.91]	[0.56,0.90]	[0.13,0.19]	[0.39,0.99]
	46.71	[0.47,0.73]	[0.14,0.64]	[0.81,0.90]	[0.63,0.87]	[0.13,0.18]	[0.42,0.99]
	62.28	[0.48,0.74]	[0.12,0.64]	[0.86,0.89]	[0.67,0.86]	[0.13,0.17]	[0.46,0.98]

表5–56 流量为46.75 m³/s、丁坝阻水率为0.40修复前后产卵场微生境指标相似度计算值

修复前后产卵场微生境相似度指标		平均水深	平均流速	平均流速梯度	平均动能梯度	平均弗劳德数	平面平均涡量	综合相似度值
未修丁坝		0.699	0.708	0.707	0.703	0.377	0.721	0.652
间距/m	14.82	相似度	0.837	0.426	0.815	0.803	0.112	0.802	0.633
	22.23		0.856	0.404	0.855	0.831	0.110	0.829	0.647
	29.64		0.872	0.394	0.906	0.878	0.109	0.878	0.672

从表5–15至表5–56中可以发现：经丁坝修复后的产卵河段水力生境综合相似度较修复前都有较大改观；除平均流速与平均弗劳德数指标外，其他指标比修复前的效果要好。而平均流速与平均弗劳德数指标，由于受地流量、阻水率、丁坝间距以及地形因素的因影响，其修复效果起伏不定。在相同条件下，双丁坝修复效果并不简单等同于单丁坝修复值的累加，因此，在同一流量下，只有合适的丁坝间距与丁坝长度才能达到最佳的修复效果。

二、产卵场微生境相似度与双丁坝布置的响应关系

从某种意义上讲，在流量确定的情况下，丁坝布置直接决定着概化河道中齐口裂腹鱼产卵场微生境相似度的优劣。因为，如何布置双丁坝直接影响双丁坝周围的水深、流速、流速梯度等，进而影响修复后的产卵场与天然产卵场的相似程度。

图5-8至图5-15中，S_{SIM_H}，S_{SIM_V}，S_{SIM_GV}，S_{SIM_GK}，S_{SIM_Fr}，S_{SIM_Vo} 及 $S_{SIM\_Composite}$ 分别表示经双丁坝修复后齐口裂腹鱼产卵场水深相似度、流速相似度、流速梯度相似度、动能梯度相似度、弗劳德数相似度、涡量相似度与各项指标的综合相似度。

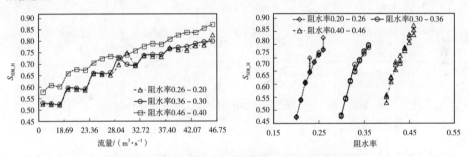

图5-8　双丁坝S_{SIM_H}分别随流量、阻水率变化关系

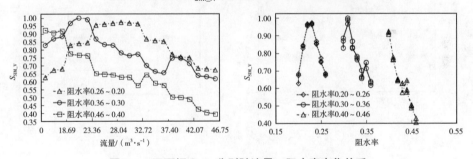

图5-9　双丁坝S_{SIM_V}分别随流量、阻水率变化关系

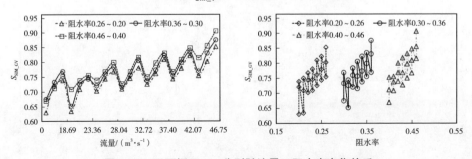

图5-10　双丁坝S_{SIM_GV}分别随流量、阻水率变化关系

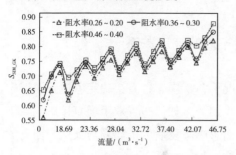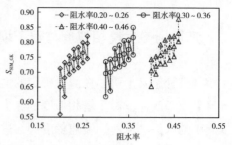

图5-11 双丁坝S_{SIM_GK}分别随流量、阻水率变化关系

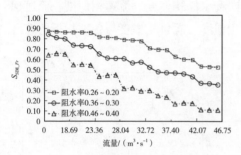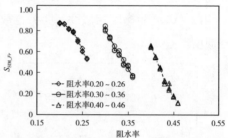

图5-12 双丁坝S_{SIM_Fr}分别随流量、阻水率变化关系

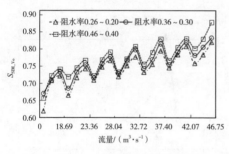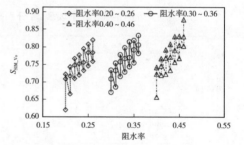

图5-13 双丁坝S_{SIM_Vo}分别随流量、阻水率变化关系

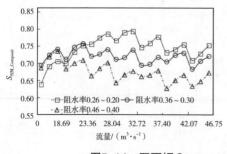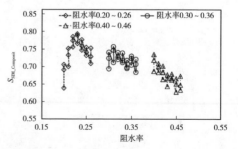

图5-14 双丁坝$S_{SIM\_Composit}$分别随流量、阻水率变化关系

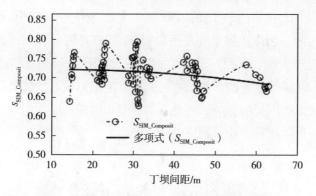

图5-15　双丁坝$S_{SIM\_Composit}$随丁坝间距变化关系

　　由于SIM是多因素综合作用的结果，因此图5-8至图5-15须结合第四章表4-2、表4-3，以及第二章表2-2进行分析。双丁坝较单丁坝而言，影响SIM因素更为复杂。因为双丁坝不仅须考虑流量、丁坝阻水率的影响，还须考虑丁坝间距。丁坝的修建使水流在丁坝上下游交替变化，急缓流交替出现，在丁坝下游基本都有螺旋流的形成；在水流绕过丁坝头部时，流速都有逐渐增大的趋势。丁坝上游因坝体阻挡产生局部壅水，水位陡增，水流绕过坝头后，水位急剧下降，并延伸到回流区以下，上下游水位、流速随丁坝阻水率变化而变化。丁坝间距不同直接影响作用区域的水深、流速、涡的形式以及流态；水流边界处的分离流、旋转流、高紊动强度也会发生相应变化。

　　由图5-8至图5-14可知：S_{SIM_H}，S_{SIM_GV}，S_{SIM_GK}以及S_{SIM_Vo}与流量、阻水率变化关系近似一致，随着流量的增加SIM值呈总体上升趋势。由于受不同流量下丁坝间距的影响，阻水率与SIM值并不单纯呈线性上升或下降，而随着流量与丁坝间距的变化而变化。与单丁坝类似，S_{SIM_Fr}整体随着流量增大单调递减，在同一流量下随阻水率的增大呈下降趋势。图5-9为作用区域内的流速相似度与流量、阻水率的关系曲线，从图上可以看出，曲线变化相当复杂，并没有一定的规律性，因为S_{SIM_V}的大小不仅与流量、丁坝阻水率、丁坝间距有关，而且速度还取决于齐口裂腹鱼繁殖期间栖息地适宜性。$S_{SIM\_Composite}$随流量先增大后逐渐衰减；随阻水率的变化波动较大，且与丁坝间距有关，所以较为复杂。图5-15为各项指标的综合相似度随丁坝间距的变化关系曲线，从图中的趋势线可以看出，丁坝间距愈小，不同流量与阻水率下$S_{SIM\_Composite}$值愈分散；随着丁坝间距的增大，$S_{SIM\_Composite}$值则较为集中，整体呈下降趋势，且越来越平缓。这表明丁坝间距超过某一临界值时，丁坝的修复效果开始下降。因此，选择合理的丁坝间距才能取得较好的修复效果。

总之，从图5-8至图5-14可以看出：来流条件、丁坝阻水率（丁坝长度）、丁坝间距、河床边界条件等是影响SIM的重要因素；来流大小直接决定河道水深与流速大小，从而对SIM产生影响；而阻水率与丁坝间距则与SIM大小有直接联系；选择合理的丁坝长度与间距才能取得较好的修复效果。而综合相似度不但受上述因素的影响，还受各指标相似度的影响，因此，单一因素很难准确描述与预测这种复杂的响应关系。

第三节　本章小结

本章通过对概化河道中单双丁坝的水力学效应进行研究，得到产卵场微生境相似度与丁坝布置的响应关系。丁坝在鱼类栖息地修复中主要用来创造适宜流速与水深的栖息环境，对提高河流生物多样性有明显的效果。丁坝修建后，局部地改变了河流的流态，在坝体下游将会产生漩涡，随着水流的速度场与压力场的变化，漩涡的分离与衰减又会使水流呈现很强的紊动特性。在上游突然形成收缩区，下游则骤然扩大，使流态变得极其复杂。影响丁坝修复产卵场微生境相似度的相关因素有：来流条件因素、丁坝间距、丁坝阻水率因素与河床边界条件因素。而这些因素在河道生态修复工程中至关重要，因为这些因素决定着丁坝上下游水流的作用域内的流态，从而决定丁坝修复后齐口裂腹鱼产卵场与天然产卵场的相似度。

第六章 产卵场微生境的丁坝修复效果评估模型

由第三章和第四章可知：不同阻水率的丁坝对河流所起的效用是不同的。而河流特征与整治目的不同，丁坝布置形式也不尽相同。布置丁坝必须建立一套行之有效的评估方式。因此，本章根据第四章和第五章的计算结果，结合前人相关研究，尝试建立齐口裂腹鱼产卵场微生境的丁坝修复效果与流量、丁坝的长度、河宽、流速和水深等参数相关的评估模型，估算丁坝修复效果。

第一节 丁坝间距的布置

丁坝间距的布置对修复河段的水深、速度以及修复后河宽有直接影响，进而影响着工程的修复效果和造价；因此，对丁坝间距进行研究具有重要的现实意义。合理的丁坝间距才能营造出最佳的水深、流速等产卵场水力微生境，使各个丁坝发挥出最佳作用，从而达到以最少丁坝发挥最优工程效益的目的。

在鱼类产卵场修复过程中，丁坝间距并不能简单地根据几何关系确定，其原因在于在修复河段修建丁坝后，丁坝上游水面会壅高但流速会减缓，而丁坝坝头及下游部分区域流速增大但水深却会下降。若要充分发挥丁坝水力学效应，丁坝间距则应根据齐口裂腹鱼产卵的适宜曲线来定，而非简单地根据几何关系确定。

丁坝间距应与修复的实际目的一致。本书主要是针对齐口裂腹鱼的水深、流速、流速梯度等指标进行修复，因此，丁坝间距过大或过小既浪费资源，又不能达到预期目的，合理的间距才能营造出相似或接近齐口裂腹鱼所需的水力生境。根据概化河道数值模拟结果，当丁坝长度与流量一定时，若要SAM达到最大化且SIM有所改观，丁坝间距与丁坝修建前水深、流速及丁坝长度存在如下关系：

$$d=0.707l \cdot e^{1.7/(Fr^2-0.3Fr+0.9)}$$ （6-1）

$$Fr = \frac{v}{\sqrt{gh}} \quad (0.55 \leqslant h \leqslant 1.50)$$ （6-2）

式中， d——丁坝间距，单位为m；

h——丁坝修建前此区域的平均水深，单位为m；

v——丁坝修建前此区域的平均流速，单位为m/s；

l——丁坝长度，单位为m；

Fr——丁坝修建前该区域的平均弗劳德数。

图6-1为双丁坝数值模拟63种工况中，齐口裂腹鱼微生境修复效果相对较好的21种工况的丁坝间距与通过公式估算的丁坝间距值之间的关系图。由图6-1可见，两者吻合较好。

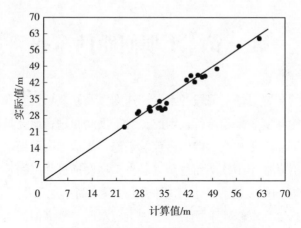

图6-1　丁坝间距公式计算值与实际值对比

第二节　修复效果评估模型

评估利用丁坝修复鱼类产卵场能否达到预期目标；如果能，在修复后能达到修复程度如何，如何界定，是十分现实的问题。为此，必须建立一套评估丁坝修复齐口裂腹鱼产卵场修复效果的评估模型。

一、丁坝微生境适宜面积评估模型

（1）单丁坝微生境适宜面积评估。假设物理量 $S_{\text{SAM}'_{\text{single}}}$ ， Q ， ρ ， v ， B ， l ， h 之间有如下关系式：

$$S_{\text{SAM}'_{\text{single}}} = \frac{S_{\text{SAM}_{\text{s\_after}}} - S_{\text{SAM}_{\text{s\_before}}}}{S_{\text{SAM}_{\text{s\_before}}}} = \frac{S_{\Delta\text{SAM}_{\text{single}}}}{S_{\text{SAM}_{\text{s\_before}}}} = \lambda_1 Q^{a1} \rho^{a2} v^{a3} B^{a4} l^{a5} h^{a6} \tag{6-3}$$

式中， $S_{\text{SAM}'_{\text{single}}}$ ——单丁坝微生境适宜面积修复率；

$S_{\text{SAM}_{\text{s\_after}}}$ ——单丁坝修复后产卵场微生境适宜面积；

$S_{\text{SAM}_{\text{s\_before}}}$ ——单丁坝修复前产卵场微生境适宜面积；

$S_{\Delta\text{SAM}_{\text{single}}}$ ——单丁坝修复产卵场微生境适宜面积；

λ_1 ——无量纲量；

Q ——流量；

ρ ——水的密度；

B ——丁坝修建前坝处的水面宽。

假设物理量 $a1, a2, \cdots, a6$ 为待定系数，则式（6-3）的量纲表达式为

$$\left[S_{\text{SAM}'_{\text{single}}} \right] = [Q]^{a1} [\rho]^{a2} [v]^{a3} [B]^{a4} [l]^{a5} [h]^{a6} \tag{6-4}$$

以基本量纲（[M]，[L]，[T]）表示各物理量量纲：

$$\left[S_{\text{SAM}'_{\text{single}}} \right] = [Q]^{a1} [\rho]^{a2} [v]^{a3} [B]^{a4} [l]^{a5} [h]^{a6}$$

$$[L]^2 [L]^{-2} = \left([L]^3 [t]^{-1} \right)^{a1} \left([M]^1 [L]^{-3} \right)^{a2} \left([L]^1 [t]^{-1} \right)^{a3} \left([L]^1 \right)^{a4} \left([L]^1 \right)^{a5} \left([L]^1 \right)^{a6} \tag{6-5}$$

根据量纲和谐原理并结合第三章的统计数据，求取量纲指数：

$$\begin{aligned} a1 &= 1, a2 = 0, a3 = -1, \\ a4 &= -2, a5 = 1, a6 = -1 \end{aligned} \tag{6-6}$$

整理得

$$S_{SAM'_{single}} = \lambda_1 \frac{Q}{vhB} \frac{l}{B} \qquad (6-7)$$

修复后产卵场的适宜面积为

$$S_{SAM_{s\_after}} = S_{\Delta SAM} + S_{SAM_{s\_before}} = S_{SAM_{s\_before}} \times \left(1 + S_{SAM'_{single}}\right) = S_{SAM_{s\_before}} \times \left(1 + \lambda_1 \frac{Q}{vhB} \frac{l}{B}\right)$$

$$(6-8)$$

相关统计结果拟合后，得出 $\lambda_1 = \dfrac{(Fr - 0.145)B^4}{\left(B^2 + l^2 - 0.08Bl\right)^2}$。因此，式（6-8）可

以改写成如下形式：

$$S_{SAM_{s\_after}} = S_{SAM_{s\_before}} \times \left(1 + \frac{(Fr - 0.145)B^2}{\left(B^2 + l^2 - 0.08Bl\right)^2} \frac{Ql}{vh}\right) \qquad (6-9)$$

在概化河道中，经单丁坝修复后齐口裂腹鱼产卵场微生境适宜面积数值模拟值与评估模型函数计算值对比如图6-2所示。由图6-2可见，两者吻合较好。

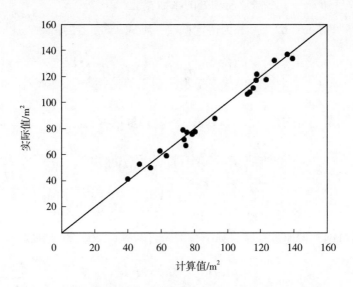

图6-2　单丁坝产卵场微生境适宜面积评估模型计算值与实际值对比

（2）双丁坝微生境适宜面积评估。

假设物理量 $S_{SAM'_{double}}$，Q，ρ，v，B，l，h，d 之间有如下关系式：

$$S_{\text{SAM}'_{\text{double}}} = \frac{S_{\text{SAM}_{d\_after}} - S_{\text{SAM}_{d\_before}}}{S_{\text{SAM}_{d\_before}}} = \frac{S_{\Delta\text{SAM}_{\text{double}}}}{S_{\text{SAM}_{d\_before}}} = \lambda_3 Q^{a1} \rho^{a2} v^{a3} B^{a4} l^{a5} h^{a6} d^{a7} \quad (6\text{-}10)$$

式中，$S_{\text{SAM}'_{\text{double}}}$——双丁坝微生境适宜面积修复率；

$S_{\Delta\text{SAM}_{\text{double}}}$——双丁坝修复产卵场微生境适宜面积；

λ_3——无量纲量。

假设物理量 $a1, a2, \cdots, a7$ 为待定系数，则式（6-10）的量纲表达式为

$$\left[S_{\text{SAM}'_{\text{double}}}\right] = [Q]^{a1} [\rho]^{a2} [v]^{a3} [B]^{a4} [l]^{a5} [h]^{a6} [d]^{a7} \quad (6\text{-}11)$$

以基本量纲（[M]，[L]，[T]）表示各物理量量纲：

$$\left[S_{\text{SAM}'_{\text{double}}}\right] = [Q]^{a1} [\rho]^{a2} [v]^{a3} [B]^{a4} [l]^{a5} [h]^{a6} [d]^{a7}$$

$$[L]^2 [L]^{-2} = \left([L]^3 [t]^{-1}\right)^{a1} \left([M]^1 [L]^{-3}\right)^{a2} \left([L]^1 [t]^{-1}\right)^{a3} \left([L]^1\right)^{a4} \left([L]^1\right)^{a5} \left([L]^1\right)^{a6} \left([L]^1\right)^{a7} \quad (6\text{-}12)$$

根据量纲和谐原理并结合第三章的统计数据，求取量纲指数：

$$\begin{aligned} &a1 = 1, a2 = 0, a3 = -1, \\ &a4 = -2, a5 = 0, a6 = -1, a7 = 1 \end{aligned} \quad (6\text{-}13)$$

整理得

$$S_{\text{SAM}'_{\text{double}}} = \lambda_3 \frac{Q}{vhB} \frac{d}{B} \quad (6\text{-}14)$$

修复后产卵场的适宜面积为

$$S_{\text{SAM}_{d\_after}} = S_{\Delta\text{SAM}} + S_{\text{SAM}_{d\_before}} = S_{\text{SAM}_{d\_before}} \times \left(1 + S_{\text{SAM}'_{\text{double}}}\right)$$

$$（或）= S_{\text{SAM}_{d\_before}} \times \left(1 + n\lambda_3 S_{\text{SAM}'_{\text{single}}} \frac{d}{l}\right) \quad (n \geq 2) \quad (6\text{-}15)$$

$$= S_{\text{SAM}_{d\_before}} \times \left(1 + n\lambda_3 e^{1.7/\left(Fr^2 - 0.3Fr + 0.9\right)} S_{\text{SAM}'_{\text{single}}}\right)$$

式中，n——丁坝个数。

数值模拟的结果经拟合后，得出 $\lambda_3 = 0.126\dfrac{1-Fr}{Fr-0.142}\mathrm{e}^{(Fr-1)}$；因此，式（6-15）可以改写成如下形式：

$$S_{\mathrm{SAM_{d\_after}}} = S_{\mathrm{SAM_{d\_before}}} \times \left(1 + 0.126n\dfrac{1-Fr}{Fr-0.142}\mathrm{e}^{Fr-1+1.7/\left(Fr^2-0.3Fr+0.9\right)}S_{\mathrm{SAM'_{single}}}\right)$$

（6-16）

在概化河道中，经双丁坝修复后齐口裂腹鱼产卵场微生境适宜面积实际值与评估模型计算值的对比如图6-3所示。由图6-3可知，两者吻合较好。

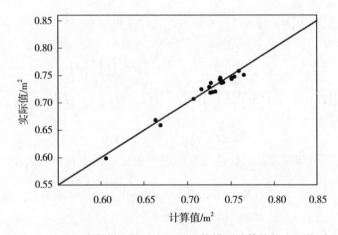

图6-3 双丁坝产卵微生境适宜面积评估模型计算值与实际值对比

二、丁坝微生境相似度评估模型

（1）单丁坝微生境相似度评估。

假设物理量 $S_{\mathrm{SIM_{single}}}$，$Q$，$\rho$，$v$，$B$，$l$，$h$ 之间有如下关系式：

$$S_{\mathrm{SIM_{single}}} = \lambda_2 Q^{a1} \rho^{a2} v^{a3} B^{a4} l^{a5} h^{a6}$$

（6-17）

式中，$S_{\mathrm{SIM_{single}}}$——单丁坝微生境相似度修复率；

λ_2——无量纲量。

假设物理量 $a1$，$a2$，…，$a6$ 为待定系数，上式的量纲表达式为

$$\left[S_{\mathrm{SIM_{single}}}\right]=[Q]^{a1}[\rho]^{a2}[v]^{a3}[B]^{a4}[l]^{a5}[h]^{a6} \tag{6-18}$$

以基本量纲（[M]，[L]，[T]）表示各物理量量纲：

$$\left[S_{\mathrm{SIM_{single}}}\right]=[Q]^{a1}[\rho]^{a2}[v]^{a3}[B]^{a4}[l]^{a5}[h]^{a6}$$
$$[1]=\left([L]^{3}[t]^{-1}\right)^{a1}\left([M]^{1}[L]^{-3}\right)^{a2}\left([L]^{1}[t]^{-1}\right)^{a3}\left([L]^{1}\right)^{a4}\left([L]^{1}\right)^{a5}\left([L]^{1}\right)^{a6} \tag{6-19}$$

根据量纲和谐原理并结合第三章的统计数据，求取量纲指数：

$$a1=1, a2=0, a3=-1,$$
$$a4=-2, a5=1, a6=-1 \tag{6-20}$$

整理得

$$S_{\mathrm{SIM_{single}}}=\lambda_2\frac{Q}{vhB}\frac{l}{B} \tag{6-21}$$

相关统计结果拟合后，得出 $\lambda_2=\dfrac{0.46\mathrm{e}^{1.5/(0.45Fr^2-0.66Fr+1.21)}B^4}{\left(B^2+l^2-0.08Bl\right)^2}$。因此，式（6-21）可以改写成如下形式：

$$S_{\mathrm{SIM_{single}}}=\frac{0.46\mathrm{e}^{1.5/(0.45Fr^2-0.66Fr+1.21)}B^2}{\left(B^2+l^2-0.08Bl\right)^2}\frac{Ql}{vh} \tag{6-22}$$

在概化河道中，经单丁坝修复后齐口裂腹鱼产卵场微生境相似度实际值与评估模型计算值对比如图6-4所示。由图6-4可知，两者吻合较好。

（2）双丁坝微生境相似度评估。假设物理量 $S_{\mathrm{SIM_{double}}}$，$Q$，$\rho$，$v$，$B$，$l$，$h$，$d$ 之间有如下关系式：

$$S_{\mathrm{SIM_{double}}}=\lambda_4 Q^{a1}\rho^{a2}v^{a3}B^{a4}l^{a5}d^{a7} \tag{6-23}$$

式中，$S_{\mathrm{SIM_{double}}}$——双丁坝微生境相似度修复率；

　　　λ_4——无量纲量。

假设物理量 $a1$，$a2$，…，$a7$ 为待定系数，则式（6-23）的量纲表达式为

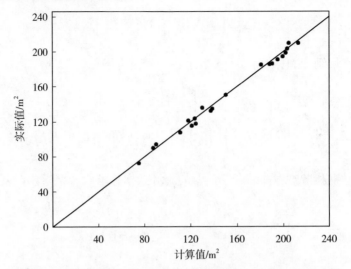

图6-4 单丁坝产卵场微生境相似度评估模型计算值与实际值对比

$$\left[S_{\text{SIM}_{\text{double}}}\right] = [Q]^{a1}[\rho]^{a2}[v]^{a3}[B]^{a4}[l]^{a5}[h]^{a6}[d]^{a7} \tag{6-24}$$

以基本量纲（[M]、[L]、[T]）表示各物理量量纲：

$$\left[S_{\text{SIM}_{\text{double}}}\right] = [Q]^{a1}[\rho]^{a2}[v]^{a3}[B]^{a4}[l]^{a5}[h]^{a6}[d]^{a7}$$

$$[1] = \left([L]^3[t]^{-1}\right)^{a1}\left([M]^1[L]^{-3}\right)^{a2}\left([L]^1[t]^{-1}\right)^{a3}\left([L]^1\right)^{a4}\left([L]^1\right)^{a5}\left([L]^1\right)^{a6}\left([L]^1\right)^{a7}$$

$$\tag{6-25}$$

根据量纲和谐原理并结合第三章的统计数据，求取量纲指数：

$$a1 = 1, a2 = 0, a3 = -1,$$
$$a4 = -2, a5 = 0, a6 = -1, a7 = 1 \tag{6-26}$$

整理得

$$S_{\text{SIM}_{\text{double}}} = \lambda_4 \frac{Q}{vhB}\frac{d}{B}$$

$$(\text{或}) = \lambda_4 S_{\text{SIM}_{\text{single}}}\frac{d}{l} \tag{6-27}$$

$$= \lambda_4 e^{1.7/\left(Fr^2 - 0.3Fr + 0.9\right) - l/B + 0.26} S_{\text{SIM}_{\text{single}}}$$

数值模拟结果经拟合后，得出 $\lambda_4 = (Fr + 0.11)\dfrac{e^{Fr-1}B^4}{\left(B^2 + l^2 - 0.08Bl\right)^2}$。因此，式（6-27）可以改写成如下形式：

$$S_{\text{SIM}_{\text{double}}} = (Fr + 0.11)\frac{e^{Fr-1+1.7/\left(Fr^2-0.3Fr+0.9\right)}B^2}{\left(B^2 + l^2 - 0.08Bl\right)^2}\frac{Ql}{vh} \qquad （6-28）$$

在概化河道中，经双丁坝修复后齐口裂腹鱼产卵场微生境相似度实际值与评估模型计算值的对比如图6-5所示。由图6-5可知，两者吻合较好。

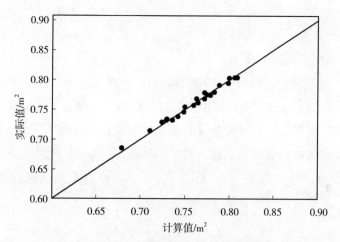

图6-5　双丁坝产卵场微生境相似度评估模型计算值与实际值对比

第三节　评估修复效果的方法与标准

丁坝对齐口裂腹鱼产卵场微生境的修复尺度是一个相对抽象的概念，修复标准可以通过很多指标进行综合判定，也可以选取最基本的因素进行判定。但河流系统是一个开放、变化的复杂系统，对于利用丁坝修复齐口裂腹鱼产卵场的修复效果评估，目前还没有一个行之有效的标准与方法。因此，如果要在研究丁坝修复尺度阈值计算时，充分考虑上下游坝体之间在时空上的累积效应所带来的影响，就必须建立一套丁坝修复度评估方法与标准。

一、修复度评估方法

丁坝修复度是丁坝对产卵场修复能力的定义，它指的是产卵场由某种原因导致河流不再适合鱼类产卵后，利用丁坝手段所能达到的修复程度。河道中设置丁坝后，可利用SAM增减率衡量各流量下修复河段SAM的变化情况：

$$R = \frac{S_{SAM_{after}} - S_{SAM_{previous}}}{S_{SAM_{previous}}} \times 100\% \qquad (6-29)$$

式中，R——SAM增减率；

$S_{SAM_{after}}$——设置丁坝后的SAM；

$S_{SAM_{previous}}$——原始河道SAM。

当设置丁坝后，若SAM增减率R超过1%，则认为对齐口裂腹鱼产卵场有影响，从而评估丁坝设置对河道中的齐口裂腹鱼产卵场有无修复效果。

根据齐口裂腹鱼产卵场微生境相似度修复度评估标准（表6-1），在进行产卵场水力微生境综合相似度比较时，可采用式（2-9）来计算修复区域产卵场水力微生境综合相似度$S_{SIM_{after}}(A,B)$后，再与修复前该区域的综合相似度$S_{SIM_{previous}}(A,B)$进行比较，具体比较方法如下：

$$T = \frac{S_{SIM_{after}}(A,B) - S_{SIM_{previous}}(A,B)}{S_{SIM_{previous}}(A,B)} \times 100\% \qquad (6-30)$$

式中，T——SIM增减率。

T值越大，表示修复齐口裂腹鱼产卵场和天然产卵场水力微生境越相似。当设置丁坝后，SIM增减率超过3%，则认为对栖息地有影响，从而评估丁坝设置对河道中修复齐口裂腹鱼产卵场有无影响。

二、修复度评估标准

根据概化河道丁坝对齐裂腹鱼产卵场微生境相似度修复效果，构建齐口裂腹鱼产卵场微生境相似度修复度评估标准，见表6-1。

根据概化河道丁坝对齐裂腹鱼产卵场微生境适宜面积修复效果，构建齐口裂腹鱼产卵场微生境适宜面积修复度评估标准，见表6-2。

表6-1　齐口裂腹鱼产卵场微生境相似度修复度评估标准

T值范围	[0,3%)	[3%,7%)	[7%,10%)	[10%,15%)	≥15%
微生境相似度修复度	无影响	较低	低	一般	高

表6-2　齐口裂腹鱼产卵场微生境适宜面积修复度评估标准

R值范围	[0,1%)	[1%,5%)	[5%,8%)	[8%,15%)	≥15%
微生境适宜面积修复度	无影响	较低	低	一 般	高

第四节　本章小结

在鱼类产卵场修复过程中，丁坝的布置方式以及评估方法尤为重要。本章在分析齐口裂腹鱼水力生境分布规律的基础上，根据数值模拟结果，并结合前人相关研究，建立了齐口裂腹鱼产卵场微生境的丁坝修复效果评估模型。

（1）本章根据第三章与第四章的计算结果，结合前人相关研究，建立了齐口裂腹鱼产卵场微生境的丁坝修复效果与流量、丁坝的长度、丁坝的宽度、流速和水深等参数相关的评估模型，为估算丁坝修复效果，建立了齐口裂腹鱼产卵微生境有效度评估模型。

（2）根据概化河道丁坝对齐裂腹鱼产卵场微生境数值模拟结果，建立了丁坝修复齐口裂腹鱼产卵场微生境适宜面积与相似度有效度评估度计算方法。同时，构建丁坝修复齐口裂腹鱼产卵场微生境适宜面积与微生境相似度评估标准。此计算方法与评估标准，可为其他类似鱼类栖息地水力生境的修复效果评估提供借鉴。

第七章　评估模型在姜射坝产卵场微生境修复中的应用

本章根据第三、四、五章的研究成果，将其应用于姜射坝下游的减水河段，估算丁坝修复效果；并对姜射坝下游的减水河段的微生境进行数值模拟，然后对其修复效果的评估模型进行对比验证。与此同时，对第六章所建立的评估模型进行修正。

第一节　修复河段概况与边界条件

齐口裂腹鱼产卵场分布相对分散且不固定，只要某水域具备齐口裂腹鱼产卵的水力条件和底质条件，就可成为齐口裂腹鱼的产卵场，这为修复齐口裂腹鱼产卵场创造了可能。本章以岷江流域姜射坝为例，采用二维水深平均模型模拟丁坝修复齐口裂腹鱼产卵场水力微生境。

一、修复河段概况

根据现场调查，修复河段位于姜射坝下段牟托镇，如图7-1所示。河道长约506 m，4月天然流量为90 m³/s，河宽25～97 m。岷江上游为干旱河谷区，河床底质多为卵石和砾石。对于引水式电站下游河道，根据齐口裂腹鱼产卵场水力微生境特点，采取修建丁坝方式来修复姜射坝齐口裂腹鱼产卵场。

图7-1　修复河段现状

对岷江上游姜射坝电站需下泄的生态需水量采用修正R2-Cross法进行计算，出口水位根据HEC-RAS软件推求。HEC-RAS是由美国陆军工程兵团水文工程中心开发的水面线计算软件包，适用于河道稳定流和非稳定流一维水力计算，本书利用此模式推算不同流量下断面平均水位高程。采用标准步推法，利用前一个断面数据推求下一个断面，再将新求得的断面视为已知值，重复进行迭代，从而求下一个断面，最后得到河道断面间的水面剖线；将HEC-RAS求得的下游水位高程带入River 2D软件进行栖息地水力微生境模拟。

二、下泄生态流量计算

生态环境需水具有明显的空间性和时间性。不同地理分布区域以及同一河流上、中、下游及河口区不同地段等，对维持生态系统平衡的水量分布的需求有明显差异。在水生生态系统现状的不同时段，生态需水的分布特性有所不同；在未来不同时间尺度上的某个特定时段的生态环境需水量，会随着环境治理、自然生态恢复程度发生变化。在齐口裂腹鱼产卵季节，岷江上游各引水式水电站坝下基本断流。因此，在岷江上游引水式水电开发河段下泄生态流量是修复齐口裂腹鱼产卵场的首要条件。

在西南山区河流中，生态流量对适应急流环境的齐口裂腹鱼来讲至关重要。因为生态流量的减小是威胁其生存环境的主要原因之一。特别是在枯水月份，齐口裂腹鱼开始产卵，对最低平均流速、平均水深等各项水力生境指标的要求较高，因此，下泄的生态流量必须满足齐口裂腹鱼产卵最低限值。修正R2-Cross法的水力参数标准是根据冷水鱼类需求制定的，各种不同河流的鱼类对河流水力参数的要求各不相同，根据不同河流的具体要求，对水力参数标准进行修正。研究河段枯水期变化明显，采用修正R2-Cross法计算时，对于枯水季节按照至少满足三个水力学指标中的任意两个确定生态需水量。姜射坝下游减水河段齐口裂腹鱼生存的水力参数确定详见表7-1。

表7-1　姜射坝下游减水河段齐口裂腹鱼生存的水力参数确定

影响因子	最低标准	确定依据
流速 /(m·s^{-1})	≥0.3	参照相关冷水鱼大西洋鲑及褐鳟的资料报道，对齐口裂腹鱼采用R2-Cross法原始标准，对相关修复河段的平均流速都推荐采用0.3 m/s
平均水深 /m	≥0.6	在枯水期修复河段属于典型山区小型河流，而保护物种是齐口裂腹鱼，个体较大，为底栖鱼类，体长为55～233 mm，为体高的3～4倍，因此，平均水深不能低于河道平滩宽度的1/100，最小平均水深应不低于0.6 m

表7-1（续）

影响因子	最低标准	确定依据
河宽/m	50 ~ 95	水面宽度能为水生植物提供足够的生存空间，并为鱼类等水生动物提供宽阔的活动范围和捕食场所，而姜射坝坝下游河道平滩宽度为50 ~ 95 m
平滩湿周率	≥50%	在枯水期，当流量减小时，修复河段属于宽浅型河道，减水河段两岸为湿河谷，无支沟及地下水对减水河段单向补给

　　水面线计算是河道修复的基础工作，直接影响河道整治的效果。本章水面线的计算可采用逐段式算法，其计算方程如下：

$$Z_i - \frac{Q^2}{2g}\left(\frac{1}{A_{i+1}^2} - \frac{1}{A_i^2}\right) = Z_{i+1} + \frac{\Delta L Q^2}{2}\left(\frac{1}{K_i^2} + \frac{1}{K_{i+1}^2}\right) \tag{7-1}$$

$$K_i = \frac{1}{n} R_i^{2/3} A_i \tag{7-2}$$

式中，Z_i——上游断面水位；

　　　　Q——流量；

　　　　g——重力加速度；

　　　　A_i——过水断面面积；

　　　　Z_{i+1}——下游断面水位；

　　　　ΔL——相邻断面之间的距离；

　　　　K_i——断面平均流量模数；

　　　　n——糙率；

　　　　R_i——水力半径。

　　若知晓下游断面水位Z_{i+1}，则迭代可求出上游水位Z_i。

　　本章修复河段糙率根据实测大断面时的水面线资料，结合齐口裂腹鱼产卵时期的水文站流量资料反推模型糙率。通过反复试算，可得到沿程各断面水位；然后将各断面水位连接与实测水面线进行对比，根据误差调整修复河道的综合糙率值，直至迭代值与实测值吻合较好为止。经反推模拟，岷江上游姜射坝减水河段糙率为0.033。根据修正R2-Cross的相关要求（表7-1）以及实测水下地形，选择浅滩特征相对明显的4个断面进行生态需水量计算。其断面类型及位置见表7-2。

表7-2　断面类型及位置

计算断面编号	断面类型	距上游坝址距离/km
1	浅滩	1.37
2	浅滩	2.35
3	浅滩	3.33
4	浅滩	3.98

根据水文站的资料，下泄流量取多年平均流量（205 m³/s）的6%，12%，13%，即12.30 m³/s，24.61 m³/s，26.65 m³/s，利用一维数学模型，计算姜射坝下泄不同流量时4个典型断面水力参数，详见表7-3。

表7-3　相关水力参数统计表

工况	计算断面编号	距上游坝址距离/km	流量/(m³·s⁻¹)	平均水深/m	平均流速/(m·s⁻¹)	湿周率
6%	1	1.35		0.37	1.83	32.25%
	2	2.37	12.30	0.33	1.72	30.97%
	3	3.33		0.65	0.88	35.61%
	4	3.98		0.25	1.57	57.89%
12%	1	1.37		0.60	1.42	47.79%
	2	2.35	24.61	0.55	1.36	48.92%
	3	3.33		0.86	1.09	49.86%
	4	3.98		0.51	1.21	80.05%
13%	1	1.37		0.67	1.39	50.85%
	2	2.35	26.65	0.62	1.19	48.85%
	3	3.33		0.89	1.06	51.96%
	4	3.98		0.52	1.19	80.54%

本章采用修正R2-Cross法对岷江上游姜射坝电站需下泄的生态需水量进行了推估，由表7-3可知：当姜射坝下泄流量为多年平均流量的13%时，各断面均至少有两个指标能满足修正R2-Cross法的标准。因此，姜射坝下游减水河段齐口裂腹鱼产卵期的下泄生态流量为26.65 m³/s。

三、边界条件

修复河段位于姜射坝下段牟托镇，河道长约536 m，4月天然流量为90 m³/s，河宽为25～97 m，入口水位为1404.75 m，出口水位为1401.28 m；修建大坝后，下泄生态基流量为26.65 m³/s，河宽为21～78 m，入口水位为1402.38 m，出口水位为1400.26 m。

第二节　产卵场评估模型的验证与修正

为了验证前面研究结果的正确性，将第三章至五章研究成果应用于姜射坝下游的减水河段，对齐口裂腹鱼产卵场水力微生境进行修复，以此检验评估模型。同时，对第六章相关模型函数进行修正，使其为类似工程条件的河段产卵场修复提供借鉴。

一、河段现状分析

齐口裂腹鱼的产卵时段主要在4月。根据河道地形（图7-2），数值模拟姜射坝修建大坝前后下游河段在产卵月份的流场，以及分析适宜齐口裂腹鱼栖息地面积分布。从图7-3至图7-6可以发现：大坝修建后，在齐口裂腹鱼产卵时段下泄流量较小，流速随之减小，致使下游河段过水面积狭窄，水深变浅，适宜齐口裂腹鱼产卵的水力微生境已不复存在。因

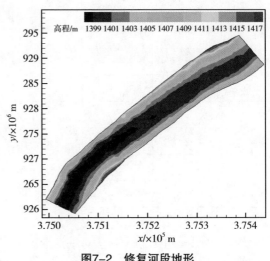

图7-2　修复河段地形

此，在修建姜射大坝后，需采取相应的修复措施才能营造适宜齐口裂腹鱼产卵的水力生境。

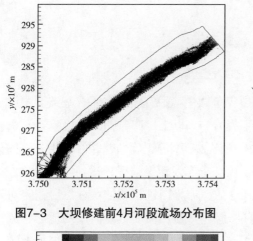

图7-3　大坝修建前4月河段流场分布图　　图7-4　大坝修建后4月河段流场分布

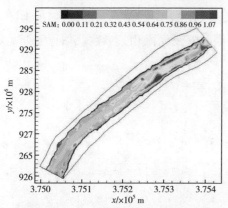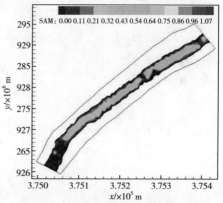

图7-5　大坝修建前4月河段SAM分布　　图7-6　大坝修建后4月河段SAM分布

　　根据式（2-15）计算姜射坝修建前后与天然产卵场水力微生境综合相似度分别为0.700和0.646。由表7-4、表7-5可知：姜射大坝修建前，此河段极有可能为齐口裂腹鱼的天然产卵河段；而大坝修建后，此河段水力生境变得较

表7-4　大坝修新建前后产卵场水力微生境指标Vague值

流量 /(m³·s⁻¹)	平均水深	平均流速	平均 流速梯度	平均 动能梯度	平均 弗劳德数	平均涡量
90	[0.77,0.90]	[0.84,0.89]	[0.65,0.93]	[0.49,0.92]	[0.74,0.97]	[0.86,0.91]
26.65	[0.28,0.43]	[0.54,0.99]	[0.55,0.95]	[0.38,0.96]	[0.61,0.84]	[0.89,0.99]

表7-5　大坝修新建前后产卵场微生境相似度计算值

流量 /(m³·s⁻¹)		平均 水深	平均 流速	平均 流速梯度	平均 动能梯度	平均 弗劳德数	平面 平均涡量	综合 相似度值
90	相似度	0.614	0.745	0.686	0.680	0.798	0.678	0.700
26.65		0.491	0.860	0.591	0.579	0.793	0.565	0.646

差，已经不适合齐口裂腹鱼产卵。

二、修复方案拟定

为了使姜射坝下游减水河段齐口裂腹鱼微生境适宜面积在原有基础上增加15%以上，微生境相似度在原有基础上提升15%以上。同时，为了检验第六章齐口裂腹鱼产卵场微生境的丁坝修复效果评估模型的正确性，并修正相关模型函数。若要调整和改善此河段的水深、流速分布及流态情况，达到修复目的，则需根据河道地形，结合图7-7丁坝修复估算流程图进行相估算，然后在姜射坝下游的修复河段布设整治工程。通过分析4月建坝前后下游河段的地形、流场及SAM分布，根据第六章式（6-22）与式（6-28）可知，需在河段内从上游至下游修建Spur dike-1至Spur dike-6六丁坝。修复河段相关参数及估算值详见表7-6，丁坝位置如图7-8所示。

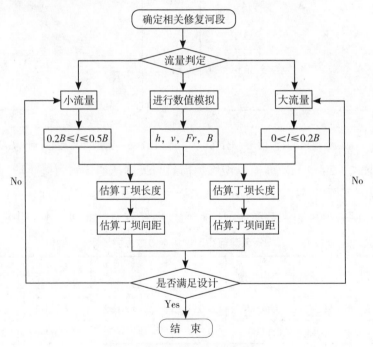

图7-7　丁坝修复估算流程图

表7-6　估算模型相关参数及估算值

Q /(m³·s⁻¹)	B/m	l/m	v /(m·s⁻¹)	h/m	Fr	d/m	n	$S_{\text{SAM}_{\text{before}}}$ /m²	$S_{\text{SAM}_{\text{after}}}$ /m²	S'_{SAM}	S_{SAM}
26.65	29.6	13.7	1.32	0.56	0.564	69.3	6	405	559	43.8%	0.895

三、评估模型的验证及修正

　　基于上述修复方案，对修复河段数值模拟后的产卵场微生境相似度进行计算，可以得到调整和改善此河段的水深、流速等各项微生境指标的情况，进而评估修复方案的修复效果。

　　丁坝位置及各丁坝处流场如图7-8所示，在河段内从上游至下游修建Spur dike-1至Spur dike-6六丁坝。从图中可以看出：受丁坝影响后，河道中行进的水流速度有所减缓，坝轴线以下，坝区回流外侧上主流的平均流速最大，往下则沿程减小。丁坝设置压缩了河道的有效过水断面，在水流边界层产生分离流、旋转流、高紊动强度等水流现象，从而营造出急缓流交替生境。

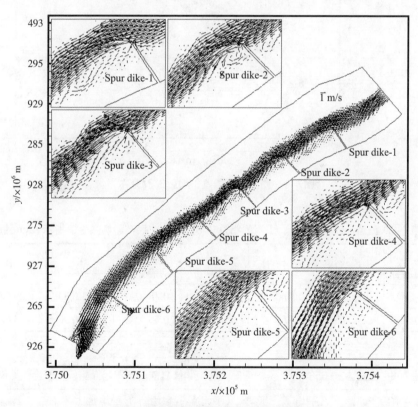

图7-8　修复河段修建丁坝后流场分布

姜射坝下游河段设置丁坝后，从图7-9中可以发现：经修复后的产卵河段 SAM明显增加。修复后产卵场各水力生境指标与天然产卵场的相似度，计算结果详见表7-7。根据表7-6与表7-8可知：当姜射坝坝址下游河道在实施生境修复后，R=38%，T=15.3%，经丁坝修复后产卵场水力微生境与天然产卵场的相似度、微生境适宜面积修复度以及微生境相似度修复度都为"高"。

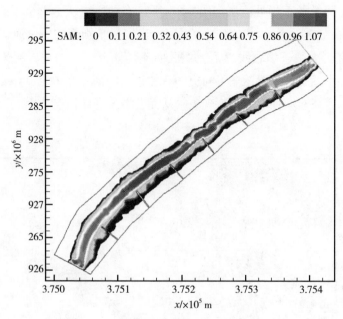

图7-9　修复河段修建丁坝后SAM分布

表7-7　流量为26.65 m³/s、丁坝间距为69.3 m修复前后产卵场微生境指标Vague值

微生境相似度指标	平均水深	平均流速	平均流速梯度	平均动能梯度	平均弗劳德数	平均涡量
未修丁坝	[0.28,0.43]	[0.54,0.99]	[0.55,0.95]	[0.38,0.96]	[0.61,0.84]	[0.89,0.99]
丁坝群	[0.36,0.55]	[0.59,0.97]	[0.68,0.93]	[0.50,0.92]	[0.65,0.90]	[0.85,0.91]

表7-8　流量为26.65 m³/s、丁坝间距为69.3 m修复前后产卵场微生境相似度计算值

修复前后产卵场微生境相似度指标		平均水深	平均流速	平均流速梯度	平均动能梯度	平均弗劳德数	平面平均涡量	综合相似度值
未修丁坝	相似度	0.491	0.860	0.591	0.579	0.793	0.565	0.646
丁坝群		0.630	0.912	0.715	0.696	0.832	0.686	0.745

经过计算对比分析，其结果从表7-6、表7-7可以看出：利用式（6-16）与式（6-28）的估算结果与数值模拟结果存在一定的差异，其差异范围为1%~6%。其原因在于概化河道与天然试验河道之间存在地形差异，概化河道假设条件过多，未考虑地形因素的影响。但总体来说，其吻合度比较高，可以用于一般工程的估算。

从上述修复方案可以看出，将概化河道齐口裂腹鱼产卵场微生境修复的评估模型应于实际河道的修复，其效果比较理想。但与数值模拟结果还存在一定的差异，因此需要修正。式（6-16）可以修正为

$$S_{SAM_{d\_after}} = S_{SAM_{d\_before}} \times \left(1 + 0.126n\frac{1-Fr}{Fr-0.142}e^{Fr-1+1.7/\left(Fr^2-0.3Fr+0.9\right)} \times \right.$$

$$\left. S_{SAM'_{single}} - 0.0096n\right)$$

（7-3）

式（6-28）可以修正为

$$S_{SIM_{double}} = \left(Fr+0.11\right)\frac{e^{Fr-1+1.7/\left(Fr^2-0.3Fr+0.9\right)}B^2}{\left(B^2+l^2-0.08Bl\right)^2}\frac{Ql}{vh} - 0.15$$

（7-4）

第三节　本章小结

本章根据第三章至第六章的研究成果，将其应用于姜射坝下游的减水河段，估算丁坝修复效果；并对姜射坝下游的减水河段的微生境进行数值模拟，然后对其修复效果的评估模型进对比验证；与此同时，对所建的评估模型进行修正。

（1）生态环境需水具有明显的空间性和时间性，下泄的生态流量必须满足齐口裂腹鱼产卵最低限值。针对修复河段的齐口裂腹鱼对河流水力参数需求，在充分考虑其体态特征的情况下，利用修正R2-Cross法对水力参数标准进行修正，最终计算出姜射坝下游修复河段的生态需水量，为修复河段的数值模拟提供可靠的流量条件。

（2）通过对姜射坝修复河段河道现状进行分析与评估，结合第三章至第五章丁坝研究成果确定丁坝的工况以及方案，用相关修复河段数值模拟结果来验证概化河道的研究成果：一方面，利用第六章丁坝间距研究成果确定丁坝的

工况以及方案，然后对相关修复河段在修建丁坝前后的产卵场微生境相似度与适宜面积进行评估；另一方面，利用水深平均二维模型对修建丁坝前以及修建丁坝后的水力特征进行数值模拟，对修建丁坝后鱼类产卵场微生境相似度以及适宜面积值进行统计分析，再对其修复效果的评估模型计算结果与模拟值进行对比验证；与此同时，对所建的评估模型进行修正。

（3）产卵场修复工程应充分考虑河流水文泥沙特性、河道边界条件、河道整治工程总体布置要求，选用丁坝修复产卵场的范围应符合相应的规范，如河床的糙率、丁坝的长度与宽度、丁坝间距等都应根据实际河道地形、河道流量条件进行相关设计。

第八章 生态丁坝的布置

不同布置形式的丁坝对河流所起的效用不同，而河流特征与整治目的不同，丁坝布置形式也不尽相同。布置丁坝必须建立一套行之有效评价方式。因此，本章根据数值模拟结果并结合前人相关研究，尝试建立WUA与生态丁坝的长度、生态丁坝的角度、流速和水深的相似度相关的一个函数，估算生态丁坝修复效果。

第一节 生态丁坝间距与壅水的关系

丁坝的数目和间距直接影响工程效果和造价，因而对丁坝的水流情况进行研究具有十分重要的现实意义。过去的研究多从单一丁坝产生的回流来确定下一丁坝的位置，而对丁坝之间的相互作用以及设置群坝后的回流研究甚少。目前对丁坝多采用沿纵向等间距的布置，这种做法不够合理，故应寻求丁坝间的合理间距，使各个丁坝发挥出最佳作用，从而达到以最少丁坝收获最优工程效益的目的。

对于丁坝的合理间距，目前还没有一个切实可靠的理论根据来确定，但积累一定的实践经验和模型试验可以指导人们布置不同河流的丁坝间距。国内外丁坝间距经验公式见表8-1。荷兰德尔夫特水力实验室和武汉水利电力大学在经验的基础上，更多地对丁坝间距进行理论推导，并对丁坝间距公式进行较为详尽的分析。

表8-1 国内外丁坝间距经验公式

研究单位	经验公式	备注
前苏联水工科学研究院	$S = (2 \sim 4) L_s$	L_s为丁坝长度
美国海岸和水力学试验室	$S = (3 \sim 4) L_s$	L_s为丁坝长度
荷兰德尔夫特水实验室	$S \leqslant (\alpha C^2 H) / 2g$	C为谢才系数

表8-1（续）

研究单位	经验公式	备注
日本东京大学海岸工程实验室	$S=(1\sim4)L_s$	L_s为丁坝长度
武汉水利电力大学水利工程系	$S=L_s(\cos\alpha_1+6\sin\alpha_1)\approx4L_s$	L_s为丁坝有效长度
河海大学港口航道工程与海岸科学实验中心	$S_o=\left(\dfrac{L_s}{C_0^2H}+\dfrac{L_s/B}{1-L_s/B}K\right)^{-1}L_s$	S_{o12} $K=0.068(L_s/B)^{-1.13}$ S_{o23} $K=0.71(L_s/B)^{-0.85}$ S_{o34} $K=0.52(L_s/B)^{-0.88}$
河海大学海岸及海洋工程研究所	$S_s\leq\Delta S_{s\lim}=C+\sqrt{\ln\left(\dfrac{L_r/L_s-\alpha}{10.055}\right)}$	$\Delta S_{s\lim}$为错口距离S_s的极限值；L_r为错口丁坝的回流长度

丁坝绕水流各部分的强度与来流方向密切相关，来流方向与坝轴线之间的夹角越小，沿坝面向下游运行部分的水流强度就越大；夹角越大，则折向丁坝底及回流部分的强度就越大，螺旋流的旋转角速度也越大。

阿尔图宁认为，丁坝的合理间距，应以使壅水扩展到上一个丁坝的坝头为原则。武汉水利电力大学在此研究基础上认为，丁坝的间距，应从以下两个方面考虑。

（1）下一个丁坝的壅水正好达到上一个丁坝，避免上一个丁坝下游发生水面跌落现象，既充分发挥每个丁坝的挑移水流功能，又保证两坝之间空档不发生冲刷。

（2）绕过上一个丁坝之后形成的扩散水流边线，大致到达下一个丁坝的有效长度L_{se}内（约$2/3L_s$），以免淘刷坝根（图8-1）。

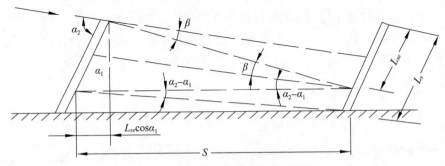

图8-1　丁坝头扩散水流的影响长度

据此，可得直河段丁坝间距S的如下关系式：

$$S = L_{se}\cos\alpha_1 + L_{se}\sin\alpha_1\cot(\beta + \alpha_2 - \alpha_1) = \frac{2}{3}\cos\alpha_1 + \frac{2}{3}\sin\alpha_1\frac{6\cot(\alpha_2 - \alpha_1) - 1}{\cot(\alpha_2 - \alpha_1) + 6}$$

$$= L_{se}(\cos\alpha_1 + 6\sin\alpha_1) \tag{8-1}$$

式中，L_{se}——丁坝有效长度，可取$L_{se} = \frac{2}{3}L_s$，其中L_s为丁坝长度；

α_1——丁坝与河岸夹角；

β——水流扩散角，一般取$\beta = 7.5° \sim 9.5°$，$\cot\beta \approx 6$；

α_2——丁坝与水流夹角。

武汉水利电力大学在研究中还发现：丁坝间距的大小，还应与丁坝所在河段的位置有关，一般凹岸较密，$S = (1.5 \sim 2.5)L_s$；凸岸较稀，可增大到$S = (4 \sim 8)L_s$；顺直河段$S = (3 \sim 4)L_s$；感潮河段为$S = (1.5 \sim 3.0)L_s$。

非淹没丁坝回流长度L_r与坝长L_s、面积缩宿窄率ΔA、河宽缩窄率ΔB有关，河道形状以面积缩窄率形式在公式中得到了反映，因此可以认为公式结构不仅对矩形河槽适用，而且对天然河道也适用，不同试验得到的公式系数可能会有所差异，但不至于很大。

根据窦国仁等试验资料，得到

$$L_r = \frac{C_0^2\bar{H}_{cs}\ln\dfrac{A}{A - A_s}}{0.146 + 0.073C_0^2\dfrac{\bar{H}_{cs}}{L_s}\ln\dfrac{B}{B - L_s}} = \frac{13.66C_0^2\bar{H}_{cs}\ln\dfrac{A}{A - A_s}}{2 + C_0^2\dfrac{\bar{H}_{cs}}{L_s}\ln\dfrac{B}{B - L_s}} \tag{8-2}$$

式中，$C_0 = \dfrac{C}{\sqrt{g}}$，为无量纲谢才系数。不同的河道断面形状，其相应的面积缩窄率$\Delta A = \dfrac{A - A_s}{A}$计算方法略有不同。对于矩形河道，$A = B\bar{H}_{cs}$，$A_s = L_s\bar{H}_{cs}$，$\Delta A = \dfrac{B - L_s}{B}$，所以式（8-2）可转化为

$$L_r = \frac{13.66C_0^2\bar{H}_{cs}\ln\dfrac{B}{B - L_s}}{2 + C_0^2\dfrac{\bar{H}_{cs}}{L_s}\ln\dfrac{B}{B - L_s}} \tag{8-3}$$

天然河道多呈抛物线型，对于比较顺直的河段，断面形状较为规则，最深

点位于河道中心，故河道形状可近似描述为

$$h = h_{cs\,max}\left(1 - \frac{4y^2}{B^2}\right) \quad -\frac{1}{2}B \leqslant y \leqslant \frac{1}{2}B \qquad (8\text{-}4)$$

式中，$h_{cs\,max}$——断面上垂线水深的最大值。

则断面面积A、丁坝阻挡面积A_s、面积缩窄率ΔA分别为

$$A = \int_{\frac{B}{2}}^{\frac{B}{2}} h_{cs\,max}\left(1 - \frac{4y^2}{B^2}\right)dy = \frac{2}{3}Bh_{cs\,max} \qquad (8\text{-}5)$$

$$A_s = \int_{\frac{B}{2}}^{\frac{B}{2}+L_s} h_{cs\,max}\left(1 - \frac{4y^2}{B^2}\right)dy = \frac{2Bh_{cs\,max}}{B} - \frac{4h_{cs\,max}L_s^3}{B^2} \qquad (8\text{-}6)$$

$$\Delta A = \frac{A - A_s}{A} = \frac{B^3 + 2\left(L_s^3 - 1.5BL_s^2\right)}{B^3} \qquad (8\text{-}7)$$

此时，式（8-2）可转化为

$$L_r = \frac{13.66C_0^2\bar{H}_{cs}\ln\dfrac{B^3}{B^3 + 2\left(L_s^3 - 1.5BL_s^2\right)}}{2 + C_0^2\dfrac{\bar{H}_{cs}}{L_s}\ln\dfrac{B}{B - L_s}} \qquad (8\text{-}8)$$

下游错口坝回流长度L_d对ΔL的变化率为

$$\frac{\partial L_{rd}}{\partial S_s} = \frac{\partial}{\partial S_s}\left[\frac{C_0^2 H}{1 + C_0^2 H / (12L_s)}\left(1 + \ln\frac{B + L_s - W_r}{B - L_s - W_r}\right)\right]$$

$$= \frac{288L_s^2 Q^2 H^2 g i_0 (B - W_r)\dfrac{\partial W_r}{\partial S_s}}{\left[g i_0 Q^2 + 12L_s H^2 (B - W_r)^2\right]^2}\left(1 + \ln\frac{B + L_s - W_r}{B - L_s - W_r}\right) + \qquad (8\text{-}9)$$

$$\frac{24L_s^2 Q^2 g i_0\dfrac{\partial W_r}{\partial S_s}}{\left[g i_0 Q^2 + 12L_s H^2 (B - W_r)^2\right]\left[(B - W_r)^2 - L_s^2\right]}$$

令$\dfrac{\partial L_{rd}}{\partial S_s} = 0$，得$\dfrac{\partial W_r}{\partial S_s} = 0$，由式（8-8）得当$S_s = 0.18L_r$时，$\dfrac{\partial W_{r\,max}}{\partial S_s} = 0$；影

响L_{ru}的因素中包括对数项和起减小作用的$-\dfrac{S_s^2}{2\left(L_s^2 + S_s^2\right)}$项，当$S_s$较小时，

$-\dfrac{S_s^2}{2\left(L_s^2 + S_s^2\right)} \to 0$，可以仅考虑对数项，当$S_s = 0.18L_r$时，错口坝回流尺度达

到最大值，S_s为错口距离的最优值。

随着错口距离的逐渐增加，上游错口坝的回流尺度逐渐减小，当错口距离超过允许值$\Delta S_{s\,\text{lim}}$时，下游错口坝以下各断面都不满足整治要求。设整治线的设计宽度为$B-2L_s$，则$\Delta S_{s\,\text{lim}}$可由下式决定：

$$B-2L_s \geqslant B-L_s-W_r \tag{8-10}$$

$$\frac{W_r}{L_r}=\frac{1}{a+b\exp\left(S_s/L_r-c\right)^2} \tag{8-11}$$

式中，$a=-5.952$，$b=-10.055$，$c=0.18$，代入式（8-11）得

$$S_s \leqslant \Delta S_{s\,\text{lim}}=C+\sqrt{\ln\left(\frac{L_r/(L_s-a)}{b}\right)} \tag{8-12}$$

上游错口坝的回流研究可分为两个区域——$0 \leqslant x \leqslant S_s$和$\Delta L \leqslant x \leqslant L_{ru}$，$L_{ru}$表示上游错口坝回流长度，受力分析微元体为$a_1b_1c_1d_1$和$a_2b_2c_2d_2$，下游错口坝回流按照对称丁坝处理（可视为单丁坝），对称轴为直线PG，P点及G点分别在断面流速分布的中心点，受力分析微元体为$a_3b_3c_3d_3$（见图8-2）。

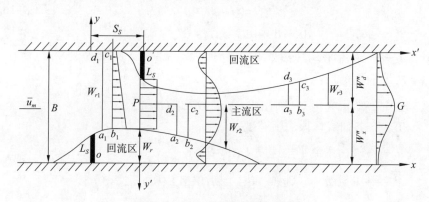

图8-2 错口丁坝的流动示意图

由图8-2可知，上游错口丁坝回流长度具有最小值，这是上、下游丁坝相互作用的结果，称它为错口丁坝系统回流长度L_r，初步设L_r的表达式为

$$L_r=f\left(Q,\ B,\ L_s,\ n,\ H,\ J,\ \rho,\ g\right) \tag{8-13}$$

式中，Q——流量；

$\quad$ B——河槽宽；

$\quad$ L_s——坝长；

$\quad$ n——糙率；

$\quad$ H——水深；

$\quad$ J——水面比降；

ρ——水密度；

g——重力加速度。

设流量守恒公式 $Q = VBH$ 和曼宁公式 $V = \dfrac{1}{n}R^{2/3}J^{1/2}$ 成立，则 n 与 J 可以通过 Q，H，R（水力半径）表示出来，R 是水深和断面尺寸的函数，所以 L_r 的经验表达式可简化成

$$L_r = f(Q, B, L_s, H, \rho, g) \tag{8-14}$$

由量纲和谐的原则进一步写成 $\pi_1 = g(\pi_2, \pi_3, \pi_4)$，式中，$\pi_1 = L_r/B$，$\pi_2 = Q/(g^{1/2}B^{5/2})$，$\pi_3 = H/B$，$\pi_4 = L_s/B$。冯永忠实测了无量纲的 L_r 分别与无量纲的 Q，H 及 D 三者的关系，获得 L_r 的经验表达式

$$L_r = -2.271 \times B \times (\pi_2 - 0.0326) \times (\ln\pi_3 + 7.832) \times (\ln\pi_4 + 3.941) \tag{8-15}$$

式中，$\pi_2 = Q/(g^{1/2}B^{5/2})$，$\pi_3 = H/B$，$\pi_4 = L_s/B$

控制方程为动量守恒方程和流量守恒方程，如下所示：

$$Q = H\bar{u}_m W_x \tag{8-16}$$

$$dK = dp + dG + dT_r + dT_w + dT_b \tag{8-17}$$

式中，$\bar{u}_m$——主流平均速度，以下标1，2，3表示 $0 \leqslant x \leqslant S_s$，$S_s \leqslant x \leqslant L_{ru}$ 和 $S_s \leqslant x \leqslant L_{rd}$ 上的物理量；

dK——动量变化率，则 $dK_i = \rho W_{xi}H\bar{u}_i d\bar{u}_i (i = 1, 2, 3)$；

W_x——各研究区段主流宽度；

$\bar{u}_i$——W_x 内主流平均速度（图8-2）；

dp——压力微分，则 $dp_i = \left(\dfrac{\partial p}{\partial x}\right)_i HW_{xi}d_x (i = 1, 2, 3)$。

式中 $\left(\dfrac{\partial p}{\partial x}\right)_i$，$i = 1$，2时

$$\frac{\partial p}{\partial x} = \begin{cases} \rho g i_x - \dfrac{\rho \bar{u}_i^2 D^2 (x - S_s)}{\left[(x - S_s)^2 + L_s^2\right]^2}, & 0 \leqslant x \leqslant S_s \\ \rho g i_x, & x > S_s \end{cases} \tag{8-18}$$

$i = 3$ 时以单丁坝形式考虑；dG 为重力在 x 方向上分量，则 $dG_i = \rho g W_{xi}Hi_{xi}dx$；$dT_r$ 为主流与回流交界面处的紊动切应力。

$$\tau_{ri} = \alpha\rho \frac{\bar{u}_i^2}{L_s}\left(1 + \frac{x}{L_i}\right)\left(1 - \frac{x}{L_i}\right) \tag{8-19}$$

而 dT_u 为侧壁阻力，因影响小而略去；dT_b 为床面摩阻力，则 $dT_{bi} = -\tau_{bi}dx$，其

中 τ_{bi} 为床底切应力，$\tau_{bi} = \rho \bar{u}_i^2 / C_0$；$Q$ 为计算流量：

$$Q = \begin{cases} Q_i, & i = 1 \\ Q_i, & i = 2,3 \end{cases} \quad (8\text{-}20)$$

当 $0 \leq x \leq S_s$ 时，将相应物理量代入式（8-13），等式两边同除以 $\rho W_{xi} H \bar{u}_i^2$，得

$$\frac{du_i}{u_i} = \frac{1}{L_{ru}} \left[2a_1 \left(1 - \frac{x}{L_{ru}} \right) + a_2 \right] dx - \frac{dx}{C_0^2 H} - \alpha \left(1 + \frac{x}{L_{ru}} \right) \left(1 - \frac{x}{L_{ru}} \right) dx +$$

$$\frac{L_s^2 (x - S_s)}{\left[(x - S_s)^2 + L_s^2 \right]^2} dx \quad (8\text{-}21)$$

对上述方程两边积分，当 $x = S_s$ 时，$\bar{u}_1 = Q_1 / (B - W_r) H$，以之确定积分常数，得上游错坝在 $0 \leq x \leq S_s$ 内回流宽度 W_r 方程式：

$$\ln \frac{B - W_r}{B - W_{r1}} = \alpha_1 \left[\left(1 - \frac{S_s}{L_{ru}} \right)^2 - \left(1 - \frac{x}{L_{ru}} \right)^2 \right] + \alpha_2 \left[\left(1 - \frac{S_s}{L_{ru}} \right) - \left(1 - \frac{x}{L_{ru}} \right) \right] +$$

$$\frac{1}{C_0^2 H} (x - S_s) - \frac{L_s^2}{2 \left[(x - S_s)^2 + L_s^2 \right]} + \frac{1}{2} - \quad (8\text{-}22)$$

$$\frac{L_0}{L_s} \left[\frac{2}{L_{ru}} (x - S_s) - \frac{1}{24 L_{ru}^3} (x^3 - S_s^3) \right]$$

考虑边界条件：当 $x = 0$ 时，$W_{r1} = L_s$，有

$$\ln \frac{B - W_r}{B - L_s} = -\left[2\alpha_1 \frac{S_s}{L_{ru}} - \alpha_1 \frac{S_s^2}{L_{ru}^2} + \alpha_2 \frac{S_s}{L_{ru}} - \frac{S_s}{C_0^2 H} - \alpha \left(\frac{S_s}{L_{ru}} - \frac{1}{3} \frac{S_s^3}{L_{ru}^3} \right) \frac{L_{ru}}{L_s} - \frac{1}{2} \right] -$$

$$\frac{L_s^2}{2 \left(L_s^2 + S_s^2 \right)} \quad (8\text{-}23)$$

其中，$S_s \leq x \leq L_{ru}$；推导过程与 $0 \leq x \leq S_s$ 相似，用到的条件是 $x = L_{ru}$ 时，$\bar{U}_{cs}^2 = Q_2 / W_u'' H$，其中，$W_u'' = \frac{1}{2} (B - L_s + W_r)$，见图 8-2，得到上游错口坝在 $x \geq S_s$ 区域内回流宽度 W_{r2} 基本方程式：

$$\ln \frac{B - L_s + W_r}{B - L_s + W_r - 2W_{r2}} = -\left[\alpha_1 \left(1 - \frac{x}{L_{ru}} \right)^2 + \alpha_2 \left(1 - \frac{x}{L_{ru}} \right) - \frac{L_{ru}}{C_0^2 H} \left(1 - \frac{x}{L_{ru}} \right) - \right.$$

$$\left. \frac{2\alpha}{3} \left(1 - \frac{3}{2} \frac{x}{L_{ru}} + \frac{1}{2} \frac{x^3}{L_{ru}^3} \right) \frac{L_{ru}}{L_s} \right] \quad (8\text{-}24)$$

令 $x=S_s$，则有 $W_{r2}=W_r$，式（8-24）可变为

$$\ln\frac{B-L_s+W_r}{B-L_s-W_r}=-\left[\alpha_1\left(1-\frac{x}{L_{ru}}\right)^2+\alpha_2\left(1-\frac{x}{L_{ru}}\right)-\frac{L_{ru}}{C_0^2H}\left(1-\frac{x}{L_{ru}}\right)-\right.$$

$$\left.\frac{2\alpha}{3}\left(1-\frac{3}{2}\frac{S_s}{L_{ru}}+\frac{1}{2}\frac{S_s^3}{L_{ru}^3}\right)\frac{L_{ru}}{L_s}\right] \tag{8-25}$$

将式（8-23）和式（8-25）相加，得

$$L_{ru}=C_0^2H\left[1+\ln\left(\frac{B-W_r}{B-L_s}\frac{B-L_s+W_r}{B-L_s-W_r}\right)-\frac{1}{2}\frac{S_s^2}{L_s^2+S_s^2}\right]\bigg/\left(1+\frac{1}{12}C_0^2H\right) \tag{8-26}$$

考虑来流满足均匀流条件有 $C_0^2H=u_0^2/gi$（i 为水面坡降），则 L_{ru} 也可以写成

$$L_{ru}=\frac{\vec{u}^2/gi}{1+\vec{u}^2/(12giL_s)}\left[1+\ln\left(\frac{B-W_r}{B-L_s}\frac{B-L_s+W_r}{B-L_s-W_r}\right)-\frac{1}{2}\frac{S_s^2}{L_s^2+S_s^2}\right] \tag{8-27}$$

令 $S_s=0$，此时 $W_r=L_s$，则式（8-27）自然退化为对口丁坝窦国仁公式：

$$S=C_0^2H\left(1+\ln\frac{B}{B-2L_s}\right)\bigg/\left(1+\frac{C_0^2H}{12L_s}\right) \tag{8-28}$$

其中式（8-26）和式（8-27）为上游错口坝回流长度公式，式（8-24）为上游错口坝在 $S_s\leq x\leq L_{ru}$ 回流宽度方程，由式（8-23）和 $\alpha_1+\alpha_2=1$ 可确定 α_1 与 α_2 的值：

$$\alpha_1=\left[-\frac{S_s}{L_{ru}}+\frac{S_s}{C_0^2H}+\frac{1}{8}\left(\frac{S_s}{L_{ru}}-\frac{1}{3}\frac{S_s^3}{L_{ru}^3}\right)\frac{L_{ru}}{L_s}+\frac{1}{2}-\ln\frac{B-W_r}{B-L_s}-\frac{L_s^2}{2\left(L_s^2+S_s^2\right)}\right]\bigg/$$

$$\left(\frac{S_s}{L_{ru}}-\frac{S_s^2}{L_{ru}^2}\right)$$

$$\alpha_2=\left[2\frac{S_s}{L_{ru}}-\frac{S_s^2}{L_{ru}^2}-\frac{S_s}{C_0^2H}-\frac{1}{8}\left(\frac{S_s}{L_{ru}}-\frac{1}{3}\frac{S_s^3}{L_{ru}^3}\right)\frac{L_{ru}}{L_s}-\frac{1}{2}+\ln\frac{B-W_r}{B-L_s}+\frac{L_s^2}{2\left(L_s^2+S_s^2\right)}\right]\bigg/$$

$$\left(\frac{S_s}{L_{ru}}-\frac{S_s^2}{L_{ru}^2}\right)$$

$$\tag{8-29}$$

下游错口生态丁坝回流尺度推导方法按照单丁坝处理，过程与 $S_s\leq x\leq L_{ru}$ 类似，所用的边界条件为

$$\begin{cases} x' = L_{rd} \\ \bar{u}_3 = Q_3 / HW_d'' \\ x = 0 \\ W_r = L_s \end{cases} \qquad (8\text{-}30)$$

其中，$W_d'' = \dfrac{1}{2}(B + L_r - W_r)$（图 8-2）。最后可获得下游错口坝回流长度 L_{rd}、回流宽度 W_{r3} 及最大的回流宽度 $W_{r3\max}$：

$$L_{rd} = C_0^2 H \left(1 + \ln\frac{B + L_s - W_r}{B - L_s - W_r}\right) \bigg/ \left(1 + \frac{C_0^2 H}{12 L_s}\right) \qquad (8\text{-}31)$$

第二节　工程初步修复效果判别函数

通过分析与研究，尝试建立长度、角度、不同生态丁坝与地形参数作为自变量，以 WUA 为因变量的一个函数，判断何种生态丁坝修复效果最佳；为生态丁坝群在齐口裂腹鱼产卵场的水力生境修复中的布置建立理论依据；式（8-32）以齐口裂腹鱼对于栖息地条件的喜好程度来估算适合指标物种的可使用栖息地面积函数。

$$F(WUA) = \sum_{i=1}^{n} f(H_i, V_i, CI_i) = \sum_{i=1}^{n} f(H_i) \cdot f(V_i) \cdot f(CI_i) \qquad (8\text{-}32)$$

式中，WUA——栖地权重可使用面积；

　　　H_i——齐口裂腹鱼的适宜水深；

　　　V_i——齐口裂腹鱼的适宜流速；

　　　CI_i——齐口裂腹鱼的适宜渠道指数。

根据表 2-2，假设在修复过程中生态丁坝主要增加的修复面积来自修复前的水域，由于在齐口裂腹鱼产卵场修复过程中，生态丁坝占用修复河段的面积很小，故假设修复前后 CI 变化可以忽略不计。再根据式（8-27）确定上游错口坝回流长度 L_{ru}，根据式（8-31）确定下游错口坝回流长度 L_{rd}，从而确定错口生态丁坝的作用域。令修复前适合齐口裂腹鱼的可使用栖息地面积函积函数为 $F_b(WUA) = \sum_{i=1}^{n} f_b(H_{bi}, V_{bi}, CI_{bi})$，修复后适合齐口裂腹鱼的可使用栖息地面积函数为 $F_a(WUA) = \sum_{i=1}^{m} f_a(H_{ai}, V_{ai}, CI_{ai})$，则有

$$\frac{F_a(WUA)}{F_b(WUA)} = \frac{\sum_{i=1}^{m} f_a(H_{ai}, V_{ai}, CI_{ai})}{\sum_{i=1}^{n} f_b(H_{bi}, V_{bi}, CI_{bi})} = \frac{\sum_{i=1}^{m} f_a(H_{ai}, V_{ai})}{\sum_{i=1}^{n} f_b(H_{bi}, V_{bi})} \qquad (8\text{-}33)$$

将式（8-33）变形，可以得到修复后适合齐口裂腹鱼的可使用栖地面积表达式

$$F_a(WUA) = \frac{\sum_{i=1}^{m} f_a(H_{ai}, V_{ai})}{\sum_{i=1}^{n} f_b(H_{bi}, V_{bi})} \cdot F_b(WUA) \qquad (8-34)$$

式中，m，n——水域单元适宜面积数。

假设在修复过程中生态丁坝主要增加的修复面积来自修复前的水域，则 $m = n$，故式（8-34）可以改写为

$$F_a(WUA) = \sum_{i=1}^{n} \frac{f_a(H_{ai})}{f_b(H_{bi})} \frac{f_a(V_{ai})}{f_b(V_{bi})} \cdot F_b(WUA)$$

$$\approx \frac{f_a(\bar{H}_a)}{f_b(\bar{H}_b)} \frac{f_a(\bar{V}_a)}{f_b(\bar{V}_b)} \cdot F_b(WUA) \qquad (8-35)$$

式中，$f_a(\bar{H}_a)$，$f_b(\bar{H}_b)$——齐口裂腹鱼在生态丁坝作用区域的平均适宜水深；

$f_a(\bar{V}_a)$，$f_b(\bar{V}_b)$——齐口裂腹鱼在生态丁坝作用区域的平均适宜流速。

因此，可以根据式（3-7）与式（3-8）将式（8-35）转化为

$$F_a(WUA) \approx \frac{f_a(\bar{H}_a)}{f_b(\bar{H}_b)} \frac{f_a(\bar{V}_a)}{f_b(\bar{V}_b)} \cdot F_b(WUA)$$

$$\approx \frac{M_1(f_a(\bar{H}_a), \tilde{u}_1)}{M_1(f_b(\bar{H}_b), \tilde{u}_1)} \frac{M_2(f_a(\bar{H}_a), \tilde{u}_2)}{M_2(f_b(\bar{H}_b), \tilde{u}_2)} \cdot F(WUA) \qquad (8-36)$$

$$\approx S_{SIM_1} S_{SIM_2} \cdot F_b(WUA)$$

式中，S_{SIM_1}——生态丁坝作用域内的水深相似度；

S_{SIM_2}——生态丁坝作用域内的流速相似度。

第三节　工程修复中丁坝布置的建议

产卵场修复工程应根据河道边界条件、河流水文泥沙特性、河道整治工程总体布置要求进行相关设计。选用丁坝修复产卵场时，需注意丁坝选址、平面布置以及断面形式。因此，给出如下建议。

（一）丁坝选址

选址应避开重点试验区、崩塌滑坡危险区、泥石流易发区以及易引起严重水土流失和生态恶化、脆弱的区域。同时，选址应选择河床相对固定、边坡斜率为0.052～0.363、纵向比降为0.0008～0.0012、河床底质为卵石和砾石的河

段。深V河床断面的河段，不宜作为修复区域。

（二）丁坝平面布置

（1）丁坝类型。非淹没，丁坝的角度为90°（正交）。

（2）丁坝长度。坝的长度应根据堤岸、滩岸与治导线距离确定，一般不超过修坝前水面宽度的1/2，丁坝具体长度应根据第五章的相关研究成果进行计算。

（3）丁坝高度。$H = \left(1 + 0.0818 Fr \times e^{1.05\ln\varepsilon + 2.24}\right) \times H_{before}$，式中，$0.0818 Fr \times e^{1.05\ln\varepsilon + 2.24}$ 为最大丁坝壅水高度，H_{before} 为修建丁坝前的水深，ε 为阻水率；丁坝高度应与滩面相平或略高于滩面。

（4）丁坝间距。一般为坝长的2～4倍，其具体长度应为 $d = 0.707 l \cdot e^{1.7l/(Fr^2 - 0.3Fr + 0.9)}$（$0.55 \leqslant h \leqslant 1.5$）。

（三）丁坝断面形式

坝顶宽度为2.0 m，上下游坝坡坡比为1∶1.5，护砌厚度取0.8 m。考虑到取材方便，设计可采用浆砌块石或混凝土丁坝，为抗冲刷在迎水端及头部采用打桩夹石（必要时在桩顶附加一层钢筋混凝土圈梁固定）。

第九章 结论与展望

第一节 主要研究结论

随着人们的生态意识不断增强，自然环境的保护受到高度重视，自然生态相关法治观念引入，生态保育及生态工程等问题逐渐被重视，河道生境修复，尤其是鱼类产卵场水力微生境修复是一个不得不面对的难题。本书基于这一研究的需要，针对岷江上游特有鱼类——齐口裂腹鱼产卵场的水力生境进行了探索与分析，通过研究得出以下结论。

（1）需水量是一个临界值，包括最大、最小两个阈值。最小阈值旨在确定某一具体的历史阶段和特定区域，保证生态系统平衡所必需的下限值。在充分比较各种生态需水量计算方法的优劣后，最终选用修正R2-Cross法计算修复河段的最小生态流量。修正R2-Cross法的水力参数标准是根据冷水鱼类需求制定的，针对不同河流的齐口裂腹鱼对河流水力参数的需求，在充分考虑其体态特征的情况下，对水力参数标准进行修正，最终计算出姜射坝下游修复河段的生态需水量，这为产卵场修复提供了可靠的流量条件。

（2）丁坝间主流断面流速呈近似线性分布，其斜率随距离的增加而增大。丁坝的形态是影响水流紊动动能分布的重要因素之一，其布置直接影响紊动动能的改变。受地形因素的影响，水面宽度较为狭窄V字形的河床断面不宜修建丁坝。

（3）丁坝挑流作用比较明显，对水流局部影响较大，坝区均存在回流区。丁坝的挑流作用使主流收缩，流速增大，但最大流速区向主河槽偏移，主流区流速分布有较明显的变化。经不同阻水率的丁坝修复后的产卵河段的相似度、修复后的各项水力生境指标较修复前都有明显改观。修复后的齐口裂腹鱼产卵场与天然产卵场相似度高，修复效果较好；根据现有修复方式可知，修建丁坝后，产卵场修复面积有所增加。若增大丁坝的密度，产卵场的有效修复范围势必扩大。但要注意丁坝间距与阻水率，这样更经济，修复效果更好。

（4）在低流量下，齐口裂腹鱼产卵场微生境适宜面积在丁坝修复后都有一定程度的提高，其修复效果与丁坝阻水率、丁坝间距有关。随着流量的增加，只有适当调整丁坝阻水率与丁坝间距，才能达到最佳效果。在微生境相似度方面，除速度与弗劳德数指标外，其他指标在丁坝修复后的相似度都有明显提升。由于岷江上游河段汛期洪水较大，上挑丁坝在洪水期间容易受到冲刷而被破坏，因此，一般不推荐使用上挑修复方式。

（5）概化河道修建丁坝后，丁坝上下游的水深与流速此消彼长，不同流量工况下阻水率作用域不同。通过分析与研究不同丁坝阻水率下河道微生境适宜面积、河道的流速、水深、流速梯度等指标的相似度发现：流量较大而阻水率较小时，产卵场修复效果相对较好。

（6）由于在河道中修建丁坝后，丁坝对水流有明显的扰动影响，在不同流量下，特别是丁坝之间的局部流态极其复杂。因此，在齐口裂腹鱼产卵场的水力微生境修复中，丁坝间距、丁坝阻水率以及流量是影响齐口裂腹鱼产卵场微生境适宜面积与微生境相似度的关键因素。

（7）通过对概化河道进行数值模拟，建立齐口裂腹鱼产卵场微生境适宜面积、相似度分别与丁坝长度、丁坝间距、流速、流量以及河宽相关的模型函数，并利用姜射坝的数值模拟结果进行对比验证，其吻合度相对较高，可以用于类似鱼类修复工程的估算。

第二节　研究展望

鱼类栖息地水力学特征的修复研究，特别是鱼类产卵场的修复具有重要生态与经济价值。本书以齐口裂腹鱼为例，通过对其产卵场的现场调查资料的整理，建立了一个较为通用的水力模型。利用丁坝进行修复研究，仅从水力学与河流动力学的角度对河道进行数值模拟，进而对修复后产卵场水力特性进行研究分析，以便达到对齐口裂腹鱼产卵场水力微生境的相关水力学指标的量化分析。

受实际地形因素的影响，利用丁坝对齐口裂腹鱼产卵场的修复显得异常复杂。本书主要探讨丁坝对齐口裂腹鱼产卵场的影响范围，以及丁坝建置要素（如坝长、流量、河道平均坡降、单双丁坝）对其范围的影响，对枯水期齐口裂腹鱼的水力生境进行数值模拟，并根据Vague集衡量其修复效果，只得出有限结论。本研究处于探索阶段，受自身能力、认知水平以及此项研究工作时间的限制，对于齐口裂腹鱼产卵场的修复，还有待进一步探索与完善。

（1）本书使用River 2D仿真时，仅以流速和水深两个环境因子来计算齐口裂腹鱼在产卵阶段对其所需栖息地的可使用面积，并未考虑产卵期间泥沙淤积造成的底床变化及其他环境因子（如溶氧量、水温等）对鱼类适合度的影响，也未考虑在其他生命阶段对于栖息地需求有不同的喜好。另外，河流的水温及溶氧等水质状况也会影响河流生态结构，对此仍有较大空间待研究。生态合理性应考虑底泥、水温与溶氧等因素，进而影响所计算出的栖息地可使用面积，建议未来可加入这些水理因子加以探讨。

（2）可使用栖息地面积取决于指标物种的水深、流速及底质适合度曲线的调查结果，而目前针对齐口裂腹鱼的相关调查仍不完整，演算过程仍存在某些假设，应尽快建立齐口裂腹鱼的水深、流速及底质适合度曲线资料库。同时，在相似度计算方面，由于本书属于探索性研究，综合相似度暂采用各指标相似度的算数平均值，建议在以后的相关研究中厘清各指标的权重后，再进行综合相似度计算。

（3）相似度的修正，在姜射坝可能适用，但未必在其他河流也适用，建议未来做更进一步修正，使其具有更好的适应性。

（4）鱼类生存空间应以三维体积计算，以二维栖息地面积计算则较粗略。由于空间流速数据量庞大，应继续随着科技的发展与进步，同步跟进鱼类产卵场的三维空间实测与数值模拟。

总之，齐口裂腹鱼产卵与否不取决于一个或几个小的指标或参数，而是由众多指标或参数彼此间复杂的牵连关系决定的，任何一项指数或参数都不能有不正常的变化。因此，以后的研究可试着发展出更多如BOD、水温、pH值、海拔高度、溶解氧、流速、水深、水位、涡流量等多指标、多参数的推估模式，再以此推估模式为基础，尽可能地涵盖所有生态因素，方能做出较全面且具说服力的齐口裂腹鱼产卵场修复方案。

参考文献

一、中文参考文献

[1] 安禹辰. 生态丁坝对河流水质改善与鱼类栖息地影响的模拟研究[D]. 天津: 天津大学, 2020.

[2] 班璇. 中华鲟产卵栖息地的生态需水量[J]. 水利学报, 2011, 42(1): 47–55.

[3] 蔡亚希, 魏文礼, 刘玉玲. 进口流速对丁坝回流长度影响的数值模拟研究[J]. 水资源与水工程学报, 2013, 24(6): 51–54.

[4] 常福田, 丰玮. 丁坝群合理间距的试验研究[J]. 河海大学学报, 1992, 20(4): 7–14.

[5] 常福田. 丁坝间距和壅水的研究[J]. 河海科技进展, 1993(1): 69–73.

[6] 陈敏, 王书凤, 高树晗, 等. 天津市段永定河生态需水量分析[J]. 海河水利, 2022(5): 25–27.

[7] 陈明千. 岷江上游齐口裂腹鱼产卵场水力生境研究及应用[D]. 成都: 四川大学, 2012.

[8] 陈升, 李星野, 马海娟. 基于秩和检验与SVM的基因特征选取与分类方法[J]. 生物数学学报, 2012, 27(2): 349–356.

[9] 陈义雄, 方力行. 台湾河川湖泊鱼类的生态特性与栖息地现况[M]. 高雄: 高雄县政府, 1996.

[10] 陈永柏, 廖文根, 彭期冬, 等. 四大家鱼产卵水文水动力特性研究综述[J]. 水生态学杂志, 2009, 2(2): 130–133.

[11] 陈稚聪, 黑鹏飞, 丁翔. 丁坝回流分区机理及回流尺度流量试验研究[J]. 水科学进展, 2008(5): 613–617.

[12] 程昌华, 刘建新, 许光祥. 勾头丁坝对水流结构影响的试验研究[J]. 重庆交通学院学报, 1994, 13(1): 58–69.

[13] 程年生. 丁坝绕流试验研究及数值计算[D]. 南京: 南京水利科学研究院, 1990.

[14] 崔保山, 杨志峰. 湿地生态环境需水量研究[J]. 环境科学学报, 2002, 22(2): 219–224.

[15] 党莉, 马超, 练继建. 水库调节对下游鱼类栖息地适宜性的影响[J]. 天津大学学报(自然科学与工程技术版), 2018, 51(6): 566–574.

[16] 丁瑞华. 四川鱼类志[M]. 成都: 四川科学技术出版社, 1994: 370–371.

[17] 董哲仁, 王宏涛, 赵进勇, 等. 恢复河湖水系连通性生态调查与规划方法[J]. 水利水电技术, 2013, 44(11): 8–13.

[18] 窦国仁. 丁坝回流及其相似律的研究[J]. 水利水运科技情报, 1978(3): 1–24.

[19] 丰玮. 群坝间距及回流的研究[D]. 南京: 河海大学, 1991.

[20] 丰玮. 群坝水流特性及合理布设[J]. 水运工程, 1993(3): 36–38.

[21] 冯永忠. 丁坝错口距离的最优值、极限值研究[J]. 水道港口, 1995(3): 27–33.

[22] 冯永忠. 错口丁坝回流尺度的研究[J]. 河海大学学报, 1995, 23(4): 69–76.

[23] 冯永忠, 常福田. 错口丁坝在水流中的相互作用[J]. 河海大学学报, 1996, 24(1): 70–76.

[24] 傅菁菁, 黄滨, 芮建良, 等. 生境模拟法在黑水河鱼类栖息地保护中的应用[J]. 水生态学杂志, 2016, 37(3): 70–75.

[25] 高先刚, 刘焕芳, 华根福, 等. 双丁坝合理间距的试验研究[J]. 石河子大学学报(自然科学版), 2010, 28(5): 614–617.

[26] 顾孝连, 庄平, 章龙珍, 等. 长江口中华鲟幼鱼对底质的选择[J]. 生态学杂志, 2008, 27(2): 213–217.

[27] 韩玉芳, 陈志昌. 丁坝回流长度的变化[J]. 水利水运工程学报, 2004(3): 33–36.

[28] 胡杰龙. 新型透水丁坝水力特性及其对鱼类行为影响研究[D]. 重庆: 重庆交通大学, 2021.

[29] 胡婉婷. 六盘山海子流域生态环境需水量研究[D]. 银川: 宁夏大学, 2015.

[30] 胡义明, 梁忠民. 基于跳跃分析的非一致性水文频率计算[J]. 东北水利水电, 2011(7): 38–40.

[31] 黄亮. 水工程建设对长江流域鱼类生物多样性的影响及其对策[J]. 湖泊科学, 2006, 18(5): 553–556.

[32] 吉小盼, 蒋红. 基于湿周法的西南山区河流生态需水量计算与验证[J]. 水生态学杂志, 2018, 39(4): 1–7.

[33] 蒋焕章, 苏治平. 丁坝防护试验或研究[J]. 铁道工程学报, 1984(2): 182–184.

[34] 孔祥柏, 胡美英, 吴济难, 等. 丁坝对水流影响的试验研究[J]. 水利水运科学研究, 1983(2): 67–78.

[35] 孔祥柏, 吴济难, 程年生, 等. 整治建筑物作用河床演变规律及其对洪水位影响试验研究[M]. 南京: 南京水利科学研究院, 1990.

[36] 乐培九, 李旺生, 杨细根. 丁坝回流长度[J]. 水道港口, 1999(2): 3–9.

[37] 李翀, 廖文根, 陈大庆, 等. 基于水力学模型的三峡库区四大家鱼产卵场推求[J]. 水利学报, 2007, 38(11): 1285–1289.

[38] 李方平, 张登成, 王孟, 等. 金沙江旭龙水电站鱼类栖息地适宜性评价[J]. 水生态学杂志, 2023, 44(6): 53–62.

[39] 李国斌, 韩信, 傅津先. 非淹没丁坝下游回流长度及最大回流宽度研究[J]. 泥沙研究, 2001(3): 68–73.

[40] 李洪. 丁坝水力学特性研究[D]. 成都: 四川大学, 2003.

[41] 李嘉, 王玉蓉, 李克锋, 等. 计算河段最小生态需水的生态水力学法[J]. 水利学报. 2006, 37(10): 1169–1174.

[42] 李建, 夏自强, 戴会超, 等. 三峡初期蓄水对典型鱼类栖息地适宜性的影响[J]. 水利学报, 2013, 44(8): 892–900.

[43] 李建, 夏自强, 王远坤, 等. 长江中游四大家鱼产卵场河段形态与水流特性研究[J]. 四川大学学报(工程科学版), 2010, 42(4): 63–70.

[44] 李向阳, 郭胜娟. 内河航道整治工程鱼类栖息地保护探析[J]. 环境影响评价, 2015, 37(3): 26–28.

[45] 李园顺, 程南宁, 成必新, 等. 乌东德库尾人工鱼类产卵场保护方案及监测方案探讨[J]. 四川水力发电, 2023, 42(增刊2): 145–149.

[46] 李媛媛. 河道生态需水量计算方法研究[J]. 建筑与预算, 2017(9): 16–18.

[47] 梁刚涛, 沈胜强, 杨勇. 单液滴撞击平面液膜飞溅过程的CLSVOF模拟[J]. 热科学与技术, 2012(1): 8–12.

[48] 廖致凯. 长江上游朝天门至丰都段鱼类栖息地水流与地形特征研究[D]. 重庆: 重庆交通大学, 2021.

[49] 刘明洋, 李永, 王锐, 等. 生态丁坝在齐口裂腹鱼产卵场修复中的应用[J]. 四川大学学报(工程科学版), 2014, 46(3): 37–43.

[50] 刘明洋. 齐口裂腹鱼产卵场微生境修复效果评估模型的研究及应用[D]. 成都: 四川大学, 2014.

[51] 刘四华. 大渡河丹巴河段鱼类栖息地可行性与适宜性研究[J]. 低碳世界, 2017(30): 253–255.

[52] 刘稳, 诸葛亦斯, 欧阳丽. 水动力学条件对鱼类生长影响的试验研究[J]. 水科学进展, 2009, 20(6): 812–817.

[53] 刘燕, 江恩惠, 曹永涛, 等. 浅析合适的丁坝间距. 第十二届中国海岸工程学术讨论会论文集[C]. 北京: 海洋出版社, 2005.

[54] 刘一安. 整治航道内生物栖息地改造及生态流量研究[D]. 兰州: 兰州理工大学, 2023.

[55] 刘易庄, 蒋昌波, 邓文武, 等. 淹没双丁坝间水流结构特性PIV试验[J]. 水利水电科技进展, 2015, 35(6): 26–30.

[56] 陆永军, 周耀庭. 丁坝下游恢复区流场初探[J]. 水动力学研究与进展, 1989, 4(3): 70–79.

[57] 卢红伟. 基于鱼类生境评价的山区河流基本生态流量确定方法研究[D]. 成都: 四川大学, 2012.

[58] 芦冉. 丁坝透水特性对其生态效应影响研究[D]. 重庆: 重庆交通大学, 2022.

[59] 马腾云. 岸坡对丁坝回流影响的试验研究[D]. 南京: 河海大学, 1988.

[60] 若木, 王鸿泰, 殷启云, 等. 齐口裂腹鱼人工繁殖的研究[J]. 淡水渔业, 2001, 31(6): 3–5.

[61] 彭祖明, 陈义华. Vague集相似度量模型[J]. 数学的实践与认识, 2013, 6(11): 215–220.

[62] 钱宁, 万兆惠. 泥沙运动力学[M]. 北京: 科学出版社, 1983.

[63] 钱正英, 张光斗. 中国可持续发展水资源战略研究综合报告及各专题报告[M]. 北京: 中国水利水电出版社, 2001.

[64] 覃春乔, 钟晓凤, 李俊浪. 川南地区河道生态需水量计算方法研讨[J]. 水电站设计, 2021, 37(3): 75–80.

[65] 谭天琪. 山区河流上下双丁坝回流区的水沙特性试验研究[D]. 重庆: 重庆交通大学, 2017.

[66] 谭燕平, 王玉蓉, 李嘉, 等. 雅砻江锦屏大河湾减水河段中鱼类栖息地模拟研究[J]. 水电能源科学, 2011, 29(3): 40–43.

[67] 汤奇成. 塔里木盆地水资源与绿洲建设[J]. 自然资源, 1989, 1(6): 28–34.

[68] 汤奇成. 绿洲的发展与水资源的合理利用[J]. 干旱区资源与环境, 1995, 9(3): 107–111.

[69] 石瑞花, 许士国. 河流生物栖息地调查及评估方法[J]. 应用生态学报, 2008, 19(9): 2081–2086.

[70] 宋云超. 气液两相流动相界面追踪方法及液滴撞击壁面运动机制的研究[D]. 北京: 北京交通大学, 2013.

[71] 苏伟. 长江上游丁坝冲刷机理及维护措施研究[D]. 重庆: 重庆交通大学, 2013.

[72] 水利部中国科学院水工程生态研究所. 岷江流域上游鱼类生态修复研究[R]. 四川大学生态环境所, 2012.

[73] 孙志毅. 基于栖息地生态适宜度指数模型的河流鱼类生境模拟分析[J]. 水利规划与设计, 2020(6): 86–90.

[74] 孙嘉宁. 白鹤滩水库回水支流黑水河的鱼类生境模拟研究[D]. 杭州: 浙江大学, 2013.

[75] 汪静明. 河川生态保育[M]. 台中: 自然科学博物馆, 1992.

[76] 汪静明. 河川生态系: 大自然的恩赐: 水[M]. 台北: 时报文化出版企业股份有限公司, 1993.

[77] 汪静明. 浊水溪流域上游栗栖溪河川生态研究及鱼类保育计划[J]. 台电工程月刊, 2000, 91–117.

[78] 汪志荣, 张晓晓, 田彦杰. 流域生态需水研究体系和计算方法[J]. 湖北农业科学, 2012, 51(15): 3204–3211.

[79] 王东胜, 王秀英, 范权, 等. 黄河海勃湾段黄河鲤、兰州鲶栖息环境水力学特征研究[J]. 水力发电学报, 2010, 29(1): 1–6.

[80] 王鹏全, 李润杰. 基于水文学法和SWAT模型的北川河流域生态需水量分析[J]. 水资源保护, 2023(12): 1–14.

[81] 王庆国, 李嘉, 李克锋, 等. 减水河段水力生态修复措施的改善效果分析[J]. 水利学报, 2009, 40(6): 756–761.

[82] 王莹. 澜沧江中下游鱼类栖息地的水文、水力学特征研究[J]. 北京: 中国水利水电科学研究院, 2014.

[83] 王远坤, 夏自强. 长江中华鲟产卵场三维水力学特性研究[J]. 四川大学学报(工程科学版), 2010, 42(1): 14–19.

[84] 王玉蓉, 谭燕平. 裂腹鱼自然生境水力学特征的初步分析[J]. 四川水利, 2010(6): 55–

59.

[85] 温雷. 丁坝挑角对水流影响的试验研究[D]. 南京: 河海大学, 1986.

[86] 吴持恭. 水力学: 上册[M]. 4版. 北京: 高等教育出版社, 2008.

[87] 吴富春, 李国升, 陈宣宏. 河川栖息地模式PHABSIM之水理计算敏感度分析[J]. 台湾水利, 1998, 46(2): 60–69.

[88] 吴青, 王强, 蔡礼明, 等. 齐口裂腹鱼的胚胎发育和仔鱼的早期发育[J]. 大连水产学院学报, 2004, 19(3): 218–221.

[89] 吴瑞贤, 陈嬿如, 葛奕良. 丁坝对鱼类栖息地的影响范围评估[J]. 应用生态学报, 2012, 23(4): 923–930.

[90] 夏霆, 朱伟, 姜谋余, 等. 城市河流栖息地评价方法与应用[J]. 环境科学学报, 2007, 27(12): 2095–2104.

[91] 夏云峰. 用水深平均$k-\varepsilon$紊流模型计算淹没丁坝流场[J]. 水利水运科学研究, 1993(2): 109–118.

[92] 辛玮琰, 刘晓菲, 刘鹏飞, 等. 长江中游界牌河段丁坝周围水流特性试验研究[J]. 水运工程, 2022(8): 107–113.

[93] 徐芳. 码头工程对山区河道水流影响试验研究[D]. 重庆: 重庆交通大学, 2008.

[94] 许昆. 涑水河流域生态环境需水量计算和预测[J]. 灌溉排水学报, 2016, 35(11): 107–110.

[95] 徐伟, 赵进勇, 王琦, 等. 基于生态丁坝群构建技术的汉江上游典型河段栖息地质量改善研究[J]. 水利水电技术, 2021, 52(12): 35–46.

[96] 徐晓东. 非淹没正交双体丁坝的水流特性及作用尺度研究[D]. 杭州: 浙江大学, 2013.

[97] 鄢笑宇, 吴向东, 何力, 等. 赣江下游河道适宜生态需水量计算[J]. 江西水利科技, 2023, 49(6): 427–431.

[98] 杨富亿, 文波龙, 李晓宇, 等. 吉林莫莫格国家级自然保护区河流湿地的鱼类栖息地修复效果评价[J]. 湿地科学, 2024, 22(1): 1–15.

[99] 阳金杉. 景洪电站对出境河段鱼类产卵场影响及其生态需水研究[D]. 昆明: 云南大学, 2022.

[100] 杨彦龙, 程开宇, 施家月, 等. 二维水流数学模型在多分汊河道鱼类栖息地设计中的应用[J]. 长江科学院院报, 2022, 39(8): 65–70.

[101] 杨宇, 严忠民, 常剑波. 中华鲟产卵场断面平均涡量计算及分析[J]. 水科学进展, 2007, 18(5): 701–705.

[102] 杨宇, 严忠民, 乔晔. 河流鱼类栖息地水力学条件表征与评述[J]. 河海大学学报(自然科学版), 2007, 35(2): 125–130.

[103] 杨志峰, 刘静玲, 孙涛, 等. 流域生态需水规律[M]. 北京: 科学出版社, 2006.

[104] 易雨君, 王兆印, 姚仕明. 栖息地适合度模型在中华鲟产卵场适合度中的应用[J]. 清华大学学报(自然科学版), 2008, 48(3): 340–343.

[105] 应强, 焦志斌. 丁坝水力学[M]. 北京: 海洋出版社, 2004.

[106] 英晓明, 崔树彬, 刘俊勇, 等. 水生生物栖息地适宜性指标的模糊综合评判[J]. 东北水利水电, 2007(7): 60–63.

[107] 游蕙绫. 丁坝工对感潮河口鱼类栖息地面积影响之研究[D]. 台北: 台湾大学, 2004.

[108] 游政翰. 利用物理西地模式模拟河川复育工法之成效: 七家湾溪为例[D]. 台中: 逢甲大学, 2007.

[109] 余国安, 王兆印, 张康, 等. 人工阶梯: 深潭改善下切河流水生栖息地及生态的作用[J]. 水利学报, 2008, 39(2): 162–167.

[110] 余艳华. 河道生态需水量分析及计算方法研究[J]. 资源节约与环保, 2015(11): 53–54.

[111] 杨克君, 曹叔尤, 刘兴年, 等. 复式河槽流量计算方法比较与分析[J]. 水利学报, 2005, 36(5): 563–568.

[112] 杨元平. 透水丁坝坝后回流区长度研究[J]. 水运工程, 2005(2): 18–21.

[113] 赵海波. 基于河道生态需水量计算方法的研究[J]. 黑龙江水利科技, 2020, 48(11): 57–60.

[114] 赵尚飞, 杜彦良, 王瑜, 等. 松花江梧桐河生态修复工程鱼类栖息地模拟及调查[J]. 水生态学杂志, 2019, 40(5): 1–8.

[115] 赵时樑. 蛇龙丁坝群对溪流流况多样化影响之研究[D]. 台中: 逢甲大学, 2002.

[116] 张定邦. 丁坝回流长度的初步探讨[J]. 水道港口, 1983(4): 9–12.

[117] 张柏山, 吕志咏, 祝立国. 绕丁坝流动结构实验研究[J]. 北京航空航天大学学报, 2002(5): 585–589.

[118] 张辉, 危起伟, 杨德国, 等. 基于流速梯度的河流生境多样性分析: 以长江湖北宜昌中华鲟自然保护区核心区江段为例[J]. 生态学杂志, 2008, 27(4): 667–674.

[119] 张新华, 邓晴, 文萌, 等. 弯曲分汊浅滩潜坝对洄游鱼类栖息地的影响研究[J]. 工程科学与技术, 2020, 52(1): 18–28.

[120] 张雨轩. 烟威近岸海域鱼类产卵场时空格局及其栖息地适宜性评价[D]. 上海: 上海海洋大学, 2022.

[121] 钟国泉, 温昌光, 谭炳安. 计算河道整治丁坝间距的新方法[J]. 水运工程, 1981(6): 8–12.

[122] 朱丽辉, 张泽慧, 徐瑶, 等. 河道生态需水量估算及生态环境问题分析: 以南充市西河流域顺庆城区段为例[J]. 内江师范学院学报, 2019, 34(12): 62–66.

[123] 朱振国, 王国胤. Vague集相似度量[J]. 计算机科学, 2008, 35(9): 220–225.

[124] 左莎莎. 流域生态环境需水与水资源可持续利用研究: 以赣江中下游为例[D]. 南昌: 江西师范大学, 2013.

二、英文参考文献

[1] ABBASI S, KAMANBEDAST A, AHADIAN J. Numerical investigation of angle and geometric of L-shape groin on the flow and erosion regime at river bends[J]. World applied sciences journal, 2011, 15(2): 279–284.

[2] ACKERS P. Stage discharge functions for two-stage channels: the impact of new

research[J]. Water and environmental journal, 1993, 7(1): 52–59.

[3] AHMED M. Experiments on design and behavior of spur-dikes[C]. 1963.

[4] AKBAR Z, PASHA G A, TANAKA N, et al. Reducing bed scour in meandering channel bends using spur dikes[J]. International journal of sediment research, 2024, 39(2): 243–256.

[5] ALFREDSEN K, BAKKEN W, HARBY T H, et al. Application and comparision of computer models for quantifying impacts of river regulations on fish habitat[M]. Trondheim: Renewable Energy, 2011.

[6] ARMENTROUT G W, WILSON J F. An assessment of low flows in streams in northeastern Wyoming[R]. Water resources investigation report, 1987, 4(5): 533–538.

[7] Urban stream restoration [J]. Journal of hydraulic engineering, 2003, 129(7): 491–493.

[8] BASSER H, KARAMI H, SHAMSHIRBAND S, et al. Hybrid ANFIS–PSO approach for predicting optimum parameters of a protective spur dike[J]. Applied soft computing, 2015, 30: 642–649.

[9] BARMUTA L. Interaction between the effects of substratun, velocity and location on stream benthos and experiment[J]. Australian journal of marine and freshwater research, 1990, 41(5): 557–573.

[10] BENAKA L. Fish habitat: essential fish habitat and rehabilitation[M]. Bethesda: American Fisheries Society, 1999.

[11] BLACKBURN J, STEFFLER P. River 2D two-dimension2 al depth averaged model of river hydrodynamics and fish habitat: River 2D tutorial-fish habitat tools[R]. Edmonton: University of Alberta, 2002.

[12] BOND A B, TEPHENS J, DANIEL J, et al. A method for estimating marine habitat values based on fish guilds, with comparisons between sites in the southern California bight[J]. Bulletin of marine sciences, 1999, 64(2): 219–242.

[13] SAEID A B, ZARANDI A. Vague set theory applied to BM-Algebras[J]. International journal of algebra, 2011, 5(5/6/7/8): 207–222.

[14] BOUDJERDA M, TOUAIBIA B, MIHOUBI M K. Optimization of agricultural water demand using a hybrid model of dynamic programming and neural networks: a case study of algeria[J]. International journal of environmental and ecological engineering, 2020: 1564–1567.

[15] CHAMBERS B, PRADHANANG S M, GOLD A J. Assessing thermally stressful events in a rhode island coldwater fish habitat using the swat model[J]. Water, 2017, 9(9): 667.

[16] CHEN S M. Measures of similarity between vague sets[J]. Fuzzy sets and system, 1995, 74(2): 217–223.

[17] CHEN S M. Similarity measures between vague sets and between elements[J]. IEEE, 1997, 27(1): 153–158.

[18] CHEN S Q, LIAO B. A coupled level set and volume of fluid method for tracking moving interface in multiphase flow[J]. Journal of ship mechanics, 2012, 16(3): 203–216.

[19]   CHEN W, OLDEN J D. Designing flows to resolve human and environmental water needs in a dam-regulated river[J]. Nature communications, 2017, 8(1): 2158.

[20]   CHRISTINA P, KONSTANTINOS S, RAFAEL M M, et al. Potential impacts of climate change on flow regime and fish habitat in mountain rivers of the south-western Balkans[J]. Science of the total environment, 2016, 540: 418–428.

[21]   GLEICK A P. In water in crisis: a guide to the world's fresh water resources[M]. Oxford: Oxford University Press, 1993.

[22]   CROWDER D W, DIPLAS P. Using two-dimensional hydrodynamic models at scales of ecological importance[J]. Journal of hydrology, 2000, 230(3/4): 172–191.

[23]   CROWDER D W, DIPLAS P. Evaluating spatially explicit metrics of stream energy gradients using hydrodynamic model simulations[J]. Canadian journal of fisheries and aquatic sciences, 2011, 57(7): 1497–1507.

[24]   CROWDER D W, DIPLAS P. Vorticity and circulation: spatial metrics for evaluating flow complexity in stream habitats[J]. Canadian journal of fisheries and aquatic sciences, 2002, 59(4): 633–645.

[25]   CROWDER D W, DIPLAS P. Applying spatial hydraulic principles to quantify stream habitat[J]. River research and applications, 2006, 22(1): 79–89.

[26]   NRCS. Part 654: stream restoration design national engineering handbook[M]. Washington: United States Department of Agriculture Natural Resources Conservation Service, 2007.

[27]   DUAN J, HE L, WANG G Q, et al. Turbulent burst around experimental spur dike[J]. International journal of sediment research, 2011, 26(4): 471–486.

[28]   ESMAELI P, BOUDAGHPOUR S, ROSTAMI M, et al. Experimental investigation of permeability and length of a series of spur dikes effects on the control of bank erosion in the meandering channel[J]. Ain shams engineering journal, 2022, 13(4): 1–8.

[29]   LI F, XU Z Y. Similarity measures between vague sets[J]. Journal of software, 2001, 12(6): 922–927.

[30]   FIELDING K S, SPINKS A, RUSSELL S, et al. An experimental test of voluntary strategies to promote urban water demand management[J]. Journal of environmental management, 2013, 114: 343–351.

[31]   FRANCIS J R D, PATTANAIK A B, WEARNE S H. Observation of flow patterns around some simplified groyne structure in channels[J]. ICE proceedings, 1968, 41(4): 829–837.

[32]   GARDE R J, SUBRAMANYA K, NAMBUDRIPAD K D. Study of scour around spur-dikes [J]. Joural of hydraulic engineering, 1961, 87(6): 23–37.

[33]   GEOFFREY E P. Water allocation to protect river ecosystems[J]. River research and applications, 1996, 12(4/5): 353–365.

[34]   GHANEM A H, STEFFLER P M, HICKS F E, et al. Two dimensional finite element flows modeling of physical fish habitat[J]. Regulated rivers: research and management, 1996, 12: 185–200.

[35] GIGLOU A N, MCCORQUODALE J A, SOLARI L. Numerical study on the effect of the spur dikes on sedimentation pattern[J]. Ain shams engineering journal, 2018, 9(4): 2057–2066.

[36] GLEICK P H. Water in crisis: paths to sustainable water use[J]. Ecological applications, 1998, 8(3): 571–579.

[37] GOUDIE A S. Book review: friend' 97-regional hydrology: concepts and models for sustainable water resource management[J]. Progress in physical geography, 2000, 24(1): 151.

[38] HAMISH J M, GREGORY B P. Relationships between mesoscale morphological units, stream hydraulics and Chinook salmon (Oncorhynchus tshawytscha) spawning habitat on the Lower Yuba River, California[J]. Geomorphology, 2008, 100(3/4): 527–548.

[39] HAO X, ZHAO Z, FAN X, et al. Evaluation method of ecological water demand threshold of natural vegetation in arid-region inland river basin based on satellite data[J]. Ecological indicators, 2023, 146: 1–11.

[40] HAYES J W, JOWETT I G. Microhabitat models of large drift-feeding brown trout in three New Zealand rivers[J]. North American journal of fisheries management, 1994, 14(4): 710–725.

[41] HENRY C P, AMOROS C. Restoration ecology of riverine wetland: I. a scientific base[J]. Environmental management, 1995, 19(6): 891–902.

[42] HONG D H, KIM C. A note on similarity measures between vague sets and between elements[J]. Information science: an international journal, 1999, 115(1/2/3/4): 83–96.

[43] HOSSEINI S M. Equations for discharge calculation in compound channels having homogeneous roughness[J]. Iranian journal of science and technology transactions B: engineering, 2004, 28(5): 537–546.

[44] HUGHES D A. Providing hydrological information and data analysis tools for the determination of ecological instream flow requirements for South African rivers[J]. Journal of hydrology, 2001, 241(1/2): 140–151.

[45] ISHII C, KOSH T, ASADA H. Shape of separation region formed behind a groyne of non-overflow type in rivers[C]. Moscow: Proceeding of 20th IAHR, 1983(1): 150–151.

[46] WILHELM J G O, ALLAN J D, WESSELL K J, et al. Habitat assessment of non-wadeable rivers in Michigan[J]. Environmental management, 2005, 36(4): 592–609.

[47] REMO J W F, KHANAL A, PINTER N. Assessment of chevron dikes for the enhancement of physical-aquatic habitat within the middle Mississippi River, USA[J]. Journal of hydrology, 2013, 501(25): 146–162.

[48] JORDAN S R, KATE C, ELAINE S L, et al. Habitat effects on depth and velocity frequency distributions: implications for modelling hydraulic variation and fish habitat suitability in streams[J]. Geomorphology, 2011, 130(3/4): 127–135.

[49] JOWETT I G. A method for objectively identifying pool, run, and riffle habitats from physical

measurements[J]. New Zealand journal of marine and freshwater research, 1993, 27(2): 241–248.

[50]　JOWEET I G. Instream flow methods: a comparison of approaches[J]. River research and application, 1997, 13(2): 115–127.

[51]　KEMP J L, HARPER D M, CROSA G A. Use of functional habitats' to link ecology with morphology and hydrology in river rehabilitation[J]. Aquatic conservation: marine and freshwater ecosystems, 1999, 9(1): 159–178.

[52]　KEVIN L, ROBERT W S, JAMES D P. Site and reach assessment evaluation of treatment alternatives SR 530/Sauk River Chronic environmental deficiency site[R]. Watershed management program, 2004.

[53]　KOMYAKOVA V, MUNDAY P L, JONES G P. Relative importance of coral cover, habitat complexity and diversity in determining the structure of reef fish communities[J]. Plos one, 2013, 8(12): 1–12.

[54]　KUHNLE R, ALONSO C. Flow near a model spur dike with a fixed scoured bed[J]. International journal of sediment research, 2013, 28(3): 349–357.

[55]　KURDISTANI S M, PALERMO M, PAGLIARA S, et al. Log-frame deflectors scour morphology in curved channels[C]. E-proceedings of the 38th IAHR World Congress, Panama City: 2019.

[56]　LEOPOLD L B, WOLMAN M G, MILLER J P. Fluvial processes in geomorphology[M]. San Francisco: W. H. Freeman and Company, 1964.

[57]　LI C, CAI Y, QIAN J. A multi-stage fuzzy stochastic programming method for water resources management with the consideration of ecological water demand[J]. Ecological indicators, 2018, 95(1): 930–938.

[58]　LI D, CHENG C. New similarity measure of intuitionistic fuzzy sets and application to pattern recognitions[J]. Pattern recognition letters, 2002, 23(1): 221–225.

[59]　LI H W, SCHRECK C B, TUBB R A. Comparison of habitats near spur dikes, continuous revetments, and natural banks for larval, juvenile, and adult fishes of the Willamette River[R]. Water resouces research instinute, 1984.

[60]　LIU J, LIU Q, YANG H. Assessing water scarcity by simultaneously considering environmental flow requirements, water quantity, and water quality[J]. Ecological indicators, 2016, 60(1): 434–441.

[61]　LIU M Y, ZHANG L L, LI J, et al. Characteristics of the cross-sectional vorticity of the natural spawning grounds of schizothorax prenanti and a vague-set similarity model for ecological restoration [J]. Plos one, 2015, 10(8): 1–19.

[62]　MANKIN J S, VIVIROLI D, SINGH D, et al. The potential for snow to supply human water demand in the present and future[J]. Environmental research letters, 2015, 10(11): 1–11.

[63]　MARY A. Mean flow and turbulence around two series of experimental dikes[D]. Tucson:

University of Arizona, 2009.

[64]　MENARD T, TANGUY S, BERLEMONT A. Coupling level set/VOF/ghost fluid methods: validation and application to 3D simulation of primary break-up of a liquid jet[J]. International journal of multiphase flow, 2007, 33(5): 510–524.

[65]　MISSAGHI S, HONDZO M, HERB W. Prediction of lake water temperature, dissolved oxygen, and fish habitat under changing climate[J]. Climatic change, 2017, 141(4): 747–757.

[66]　MOHAGHEGH A, KOUCHAKZADEH S. Evaluation of stage-discharge relationship in compound channels[J]. Journal of hydrodynamics, 2008, 20(1): 81–87.

[67]　MOIR H J, GIBBINS C N, SOULSBY C, et al. Linking channel geomorphic characteristics to spatial patternsof spawning activity and discharge use by Atlantic salmon (salmo salar L.)[J]. Geomorphology, 2004, 60: 21–35.

[68]　MOLLS T, CHAUDHRY M H, KHAN K W. Numerical simulation of two dimensional flow near a spur dike[J]. Advance in water resources, 1995, 18(4): 227–236.

[69]　MOYLE P B, VONDRACEK B. Persistence and structure of the fish assemblage in a small California stream[J]. Ecology, 1985, 66(1): 1–13.

[70]　OBAZA1 A K, BIRD1 A, SANDERS R, et al. Variable fish habitat function in two open-coast eelgrass species[J]. Marine ecology progress series, 2022, 696: 15–27.

[71]　OLABIWONNU F O, BAKKEN T H, ANTHONY B. Achieving sustainable low flow using hydropower reservoir for ecological water management in Glomma River Norway[J]. Sustainable water resources management, 2022, 8(2): 1–12.

[72]　OLSEN N R B, MELAAEN M C. Three-dimensional calculation of scour around cylinders[J]. Journal of hydraulic engineering, 1993, 119(9): 1048–1054.

[73]　OLSSON E, KREISS G, ZAHEDI S. A conservative level set method for two phase flow II [J]. Journal of computational physics, 2007, 225(1): 785–807.

[74]　ORTH D J. Food web influences on fish population responses to instream flow[J]. Bulletin Franc ais de la Peche et de la pisciculture, 1995, 68(337/338/339): 317–328.

[75]　OSHER S, SETHIAN J A. Fronts propagating with curvature-dependent speed: algorithms based on hamilton-jacobi formulations[J]. Journal of computational physics, 1988, 79(1): 12–49.

[76]　PANDEY M, VALYRAKIS M, QI M, et al. Experimental assessment and prediction of temporal scour depth around a spur dike[J]. International journal of sediment research, 2021, 36(1): 17–28.

[77]　PASTOR A V, LUDWIG F, BIEMANS H, et al. Accounting for environmental flow requirements in global water assessments[J]. Hydrology and earth system sciences, 2014, 18(12): 5041–5059.

[78]　RABENI C F, DOISY K E, GALAT D L. Testing the biological basis of a stream habitat classification using benthic invertebrates[J]. Ecological applications, 2002, 12(3): 782–

796.

[79] RAJARATNAM N, NAWACHUKWU B A. Flow near groyne-like structures[J]. Hydraulic engineering, ASCE, 1983, 109: 463–480.

[80] RICE J G, SCHNIPKE R J. A monotone streamline upwind finite element method for convection-dominated flows[J]. Computer methods in applied mechanics and engineering, 1985, 48(3): 313–327.

[81] ROBERT A L, CARSON A J, PETER B M. Stream macrophytes increase invertebrate production and fish habitat utilization in a California stream[J]. River research and applications, 2018, 34(8): 1003–1012.

[82] SALEH A, LARADJI I H, KONOVALOV D A, et al. A realistic fish-habitat dataset to evaluate algorithms for underwater visual analysis[J]. Scientific reports, 2020, 10(1): 1–10.

[83] SCHWARTZ J S, HERRICKS E E. Fish use of ecohydraulic based mesohabitat units in a low-gradient Illinois stream: implications for stream restoration[J]. Aquatic conservation: marine and freshwater ecosystems, 2008, 18(6): 852–866.

[84] SEMPESKI P, GAUDIN P. Habitat selection by grayling spawning habitats[J]. Journal of fish biology, 1995, 47(2): 256–265.

[85] SEUNA P, GUSTARD A, ARNELL N W, et al. FRIEND: flow regimes from international experimental and network data[R]. Cemagref, 1997.

[86] SHIELDS F D. Fate of lower Mississippi River habitats associated with river training dikes[J]. Aquatic conservation: marine and freshwater ecosystems, 1995, 5(2): 97–108.

[87] SMAKHTIN V U. Low flow hydrology: a review[J]. Journal of hydrology, 2001, 240(3/4): 147–186.

[88] STEFAN G, MOORE R D, ROSENFELD J, et al. Effects of forestry on summertime low flows and physical fish habitat in snowmelt-dominant headwater catchments of the Pacific northwest[J]. Hydrological processes, 2019, 33(25): 3152–3168.

[89] STEFFLER P, BLACKBURN J. Two-dimensional depth averaged model of River Hydrodynamics and fish habitat introduction to depth averaged modeling and user's manual[M]. Edmonton: University of Alberta, 2002.

[90] STEFFLER P, BLACKBURN J. River 2D Two-dimen2 sional depth averaged model of River Hydrodynamics and fish habitat: introduction to depth averaged modeling and user's manual[R]. Edmonton: University of Alberta, 2002.

[91] SUEN J P, HERRICKS E E. Investigating the causes of fish community change in the Dahan River (Taiwan) using an autecology matrix[J]. Hydrobiologia, 2006, 568: 317–330.

[92] SUSSMAN M, PUCKETT E G. A coupled level set and volume of fluid method for computing 3D and axisymmetric incompressible two-phase flows[J]. Journal of computational physics, 2000, 162(2): 301–337.

[93] TAMMINGA A, HUGENHOLTZ C, EATON B, et al. Hyperspatial remote sensing of channel reach morphology and hydraulic fish habitat using an unmanned aerial vehicle

(UAV): a first assessment in the context of river research and management[J]. River research and applications, 2015, 31(3): 379–391.

[94] TELLIER J M, HÖÖK T O, COLLINGSWORTH P D. Quantifying oxythermal fish habitat quality in a large freshwater ecosystem[J]. Journal of great lakes research, 2023, 49(5): 969–980.

[95] TENNANT D L. Instream flow regimens for fish, wildife, recreation and related environmental resources [J]. Fisheries, 1976, 1(4): 6–10.

[96] TINGSANCHALI T, MAHESWARAN S. 2-D depth-averaged flow computation near groyne[J]. Journal of hydraulic engineering, 1990, 116(1): 71–86.

[97] AL-HUSSEINI T R, AL-MADHHACHI A T, NASER Z A. Laboratory experiments and numerical model of local scour around submerged sharp crested weirs[J]. Journal of King Saud University-engineering sciences, 2020, 32(3): 167–176.

[98] UNAL B, MAMAK M, SECKIN G, et al. Comparison of an ANN approach with 1-D and 2-D methods for estimating discharge capacity of straight compound channels[J]. Advances in engineering software, 2010, 41(2): 120–129.

[99] VEHANEN T, JURVELIUS J, LAHTI M. Habitat utilisation by fish community in a short-term regulated river reservoir[J]. Hydrobiologia, 2005, 545(1): 257–270.

[100] PHABSIM for windows manual and exercise[R]. Washington, DC: Geological Survey, 2001.

[101] WALTER G, MARIA A, ANTON J S. The hydro-morphological index of diversity: a tool for describing habitat heterogeneity in river engineering projects[J]. Hydrobiologia, 2013, 712(1): 43–60.

[102] WANG Y K, XIA Z Q. Assessing spawning ground hydraulic suitability for Chinese sturgeon (Acipenser sinensis) from horizontal mean vorticity in Yangtze River[J]. Ecological modelling, 2009, 220(11): 1443–1448.

[103] WHEATON J M, PASTERNACK G B, MERZ J E. Spawning habitat rehabilitation Ⅱ. using hypothesis development and testing in design, Mokelumne River, California, U. S. A[J]. International journal of river basin management, 2004, 2(1): 21–37.

[104] YANG Y, YAN Z M, CHANG J B. Vorticity characteristics of Chinese sturgeon spawning ground: Advances in water resources and hydraulic engineering[C]. Tsinghua University Press, 2009.

[105] YAZDI J, SARKARDEH H, AZAMATHULLA H, et al. 3D simulation of flow around a single spur dike with free-surface flow[J]. International journal of river basin management, 2010, 8 (1): 55–62.

[106] ZHANG H, CHANG J, GAO C, et al. Cascade hydropower plants operation considering comprehensive ecological water demands[J]. Energy conversion and management, 2019, 180: 119–133.

[107] ZHAO L. Prediction model of ecological environmental water demand based on big data analysis[J]. Environmental technology & innovation, 2021, 21(3): 1–7.

附录一 概化河道修复河段修复前后流场分布图

单丁坝修复后流场分布如附图1-1至附图1-6所示。

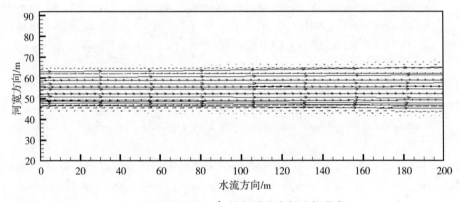

（a）流量为18.69 m³/s修复前产卵场流场分布

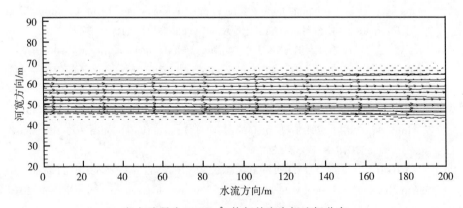

（b）流量为23.36 m³/s修复前产卵场流场分布

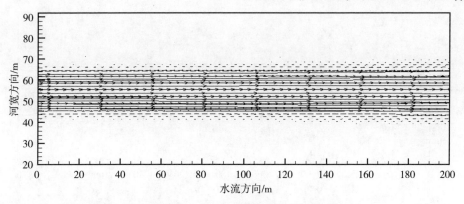

（c）流量为28.04 m³/s修复前产卵场流场分布

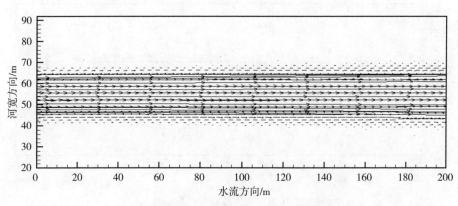

（d）流量为32.72 m³/s修复前产卵场流场分布

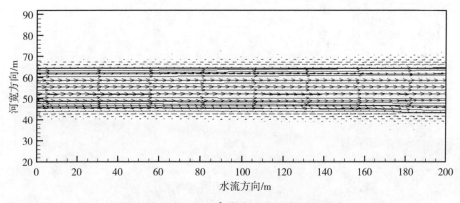

（e）流量为37.40 m³/s修复前产卵场流场分布

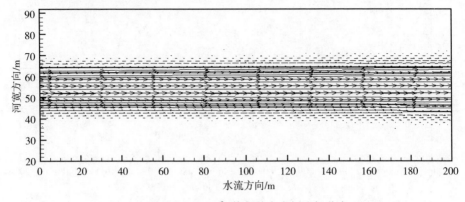

（f）流量为42.07 m³/s修复前产卵场流场分布

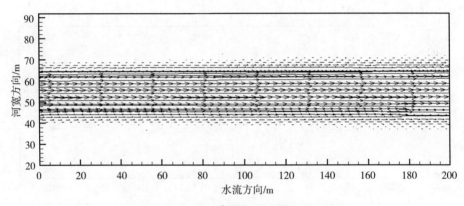

（g）流量为46.75 m³/s修复前产卵场流场分布

附图1-1　各流量修复前产卵场流场分布

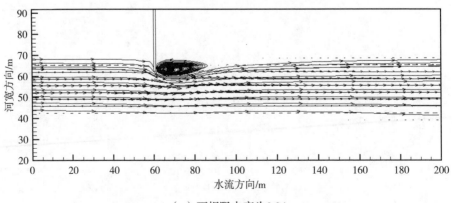

（a）丁坝阻水率为0.24

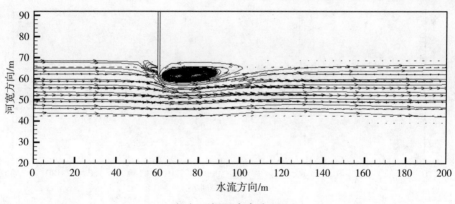

（b）丁坝阻水率为0.34

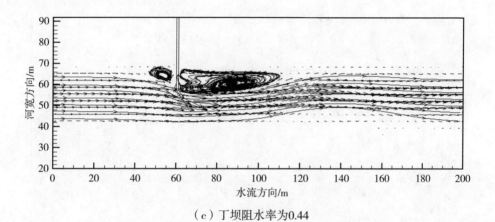

（c）丁坝阻水率为0.44

附图1-2　流量为28.04 m³/s修复后产卵场流场分布

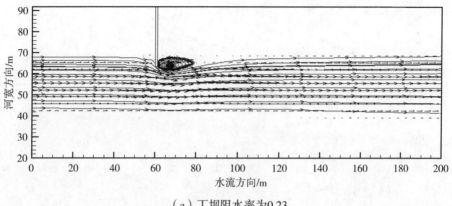

（a）丁坝阻水率为0.23

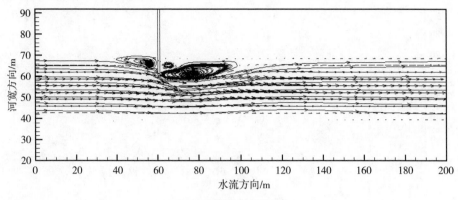

（b）丁坝阻水率为0.33

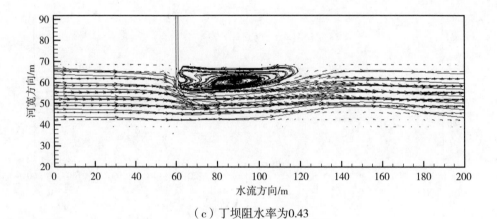

（c）丁坝阻水率为0.43

附图1-3　流量为32.72 m³/s修复后产卵场流场分布

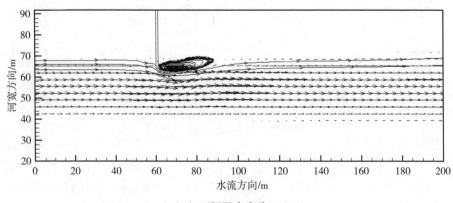

（a）丁坝阻水率为0.22

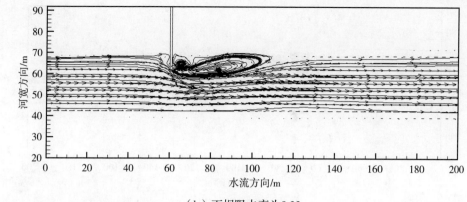

（b）丁坝阻水率为0.32

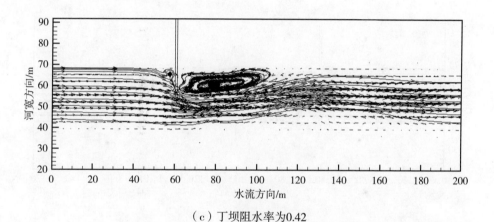

（c）丁坝阻水率为0.42

附图1-4　流量为37.40 m³/s修复后产卵场流场分布

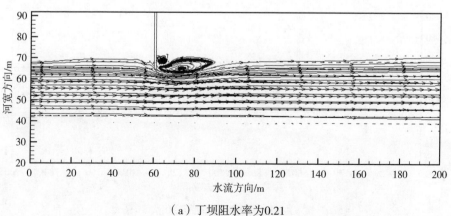

（a）丁坝阻水率为0.21

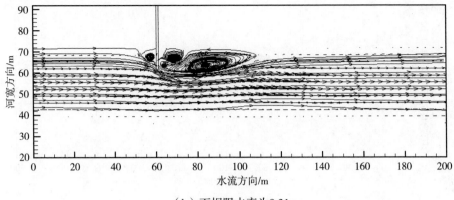

（b）丁坝阻水率为0.31

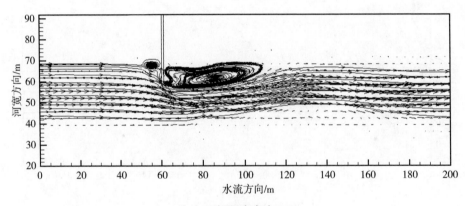

（c）丁坝阻水率为0.41

附图1-5　流量为42.07 m³/s修复后产卵场流场分布

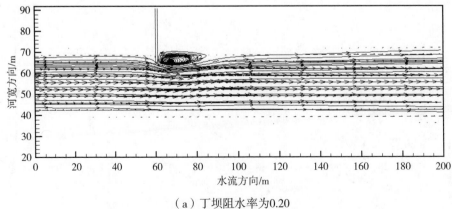

（a）丁坝阻水率为0.20

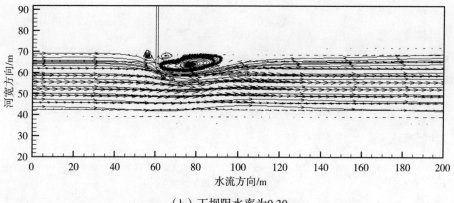

（b）丁坝阻水率为0.30

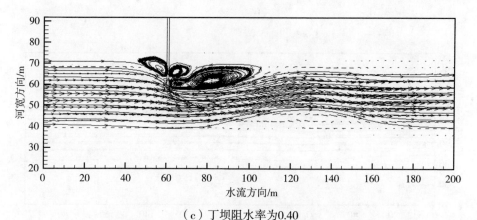

（c）丁坝阻水率为0.40

附图1-6　流量为46.75 m³/s修复后产卵场流场分布

双丁坝修复后流场分布如附图1-7至附图1-12所示。

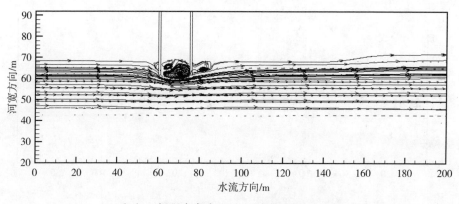

（a）丁坝阻水率为0.25、丁坝间距为14.94 m

167

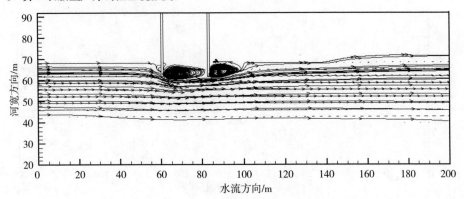

（b）丁坝阻水率为0.25、丁坝间距为22.41 m

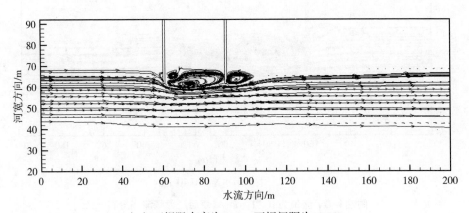

（c）丁坝阻水率为0.25、丁坝间距为29.88 m

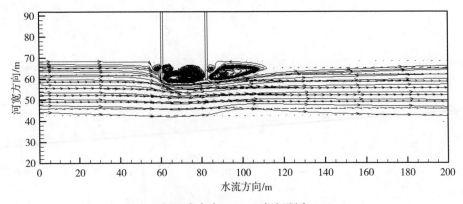

（d）丁坝阻水率为0.35、丁坝间距为21.56 m

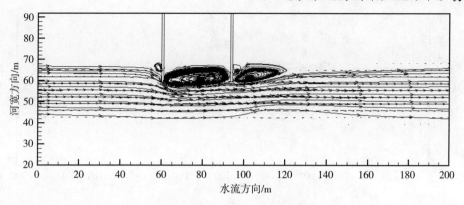

（e）丁坝阻水率为0.35、丁坝间距为32.34 m

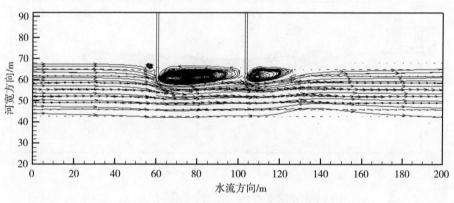

（f）丁坝阻水率为0.35、丁坝间距为43.12 m

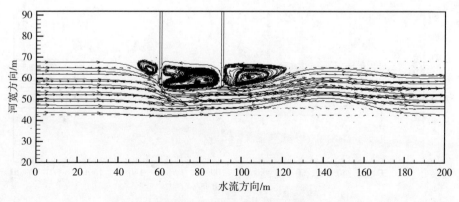

（g）丁坝阻水率为0.45、丁坝间距为29.92 m

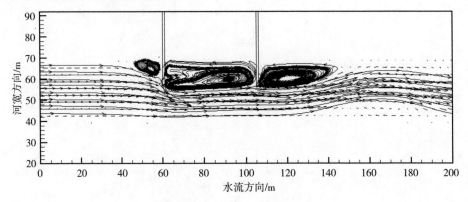

（h）丁坝阻水率为0.45、丁坝间距为44.88 m

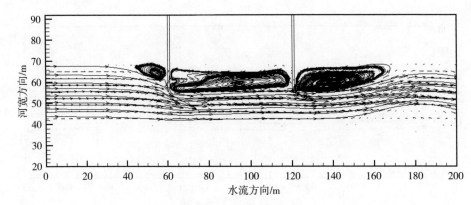

（i）丁坝阻水率为0.45、丁坝间距为59.84 m

附图1-7　流量为23.36 m³/s修复后产卵场流场分布

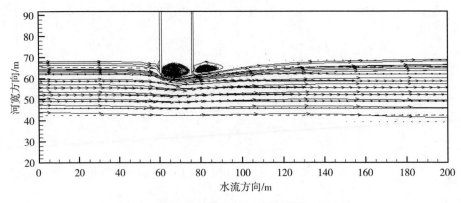

（a）丁坝阻水率为0.24、丁坝间距为15.28 m

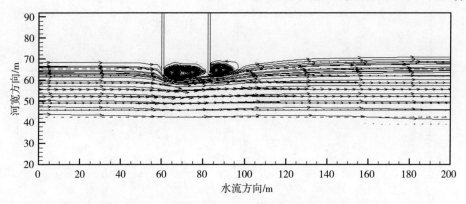

（b）丁坝阻水率为0.24、丁坝间距为22.92 m

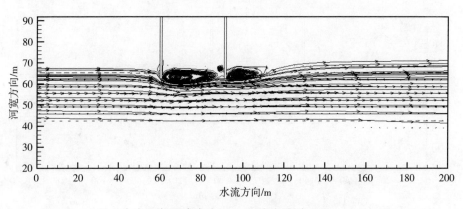

（c）丁坝阻水率为0.24、丁坝间距为30.56 m

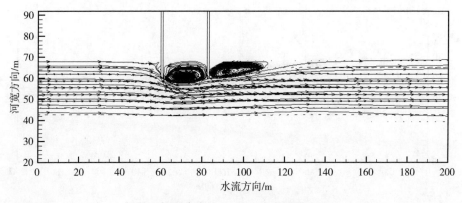

（d）丁坝阻水率为0.34、丁坝间距为22.18 m

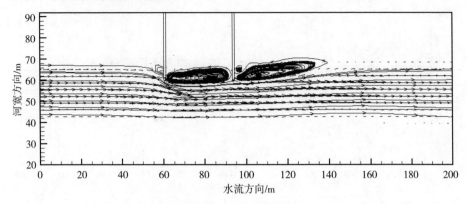

（e）丁坝阻水率为0.34、丁坝间距为33.27 m

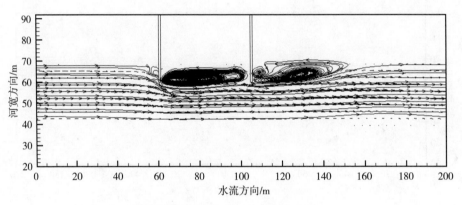

（f）丁坝阻水率为0.34、丁坝间距为44.36 m

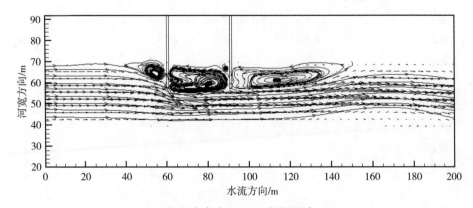

（g）丁坝阻水率为0.44、丁坝间距为30.46 m

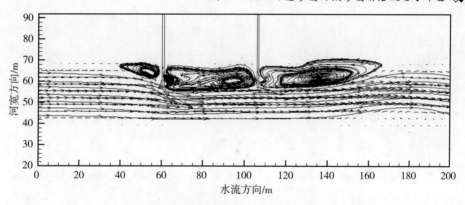

（h）丁坝阻水率为0.44、丁坝间距为45.69 m

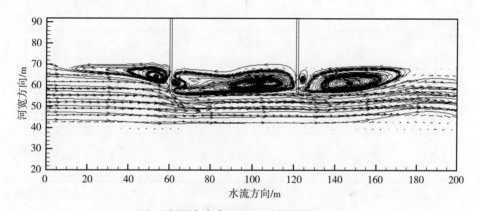

（i）丁坝阻水率为0.44、丁坝间距为60.92 m

附图1-8 流量为28.04 m³/s修复后产卵场流场分布

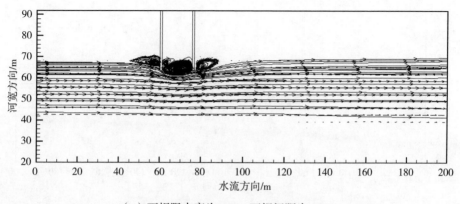

（a）丁坝阻水率为0.23、丁坝间距为15.46 m

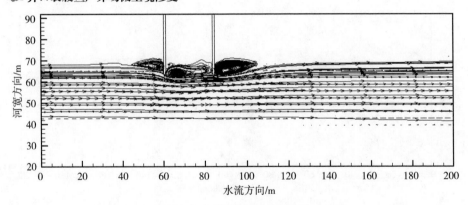

（b）丁坝阻水率为0.23、丁坝间距为23.19 m

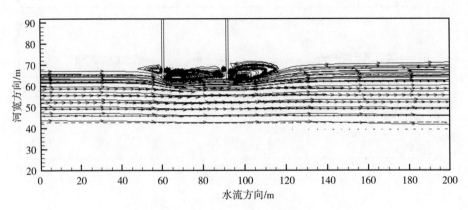

（c）丁坝阻水率为0.23、丁坝间距为30.92 m

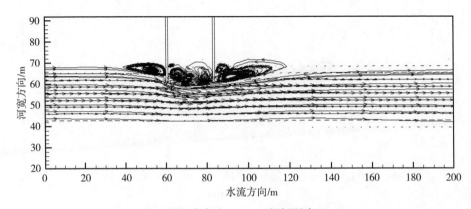

（d）丁坝阻水率为0.33、丁坝间距为22.58 m

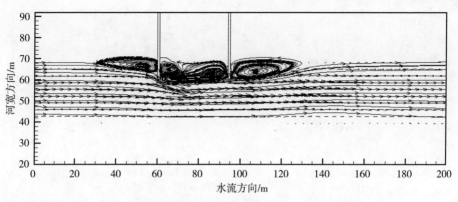

（e）丁坝阻水率为0.33、丁坝间距为33.87 m

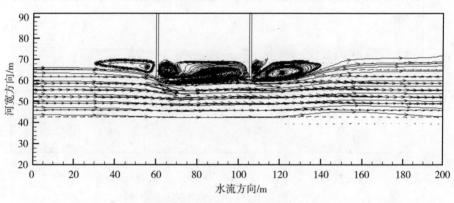

（f）丁坝阻水率为0.33、丁坝间距为45.16 m

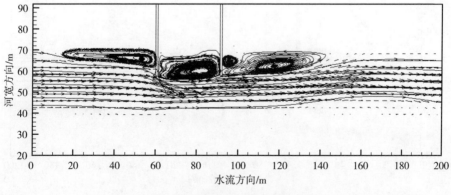

（g）丁坝阻水率为0.43、丁坝间距为31.04 m

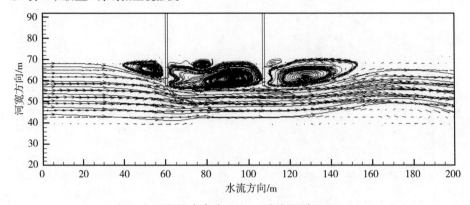

（h）丁坝阻水率为0.43、丁坝间距为46.56 m

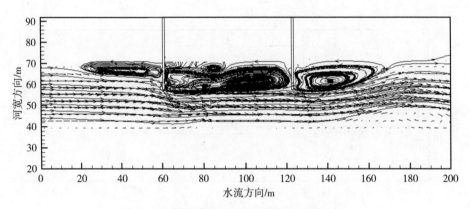

（i）丁坝阻水率为0.43、丁坝间距为62.08 m

附图1-9　流量为32.72 m³/s修复后产卵场流场分布

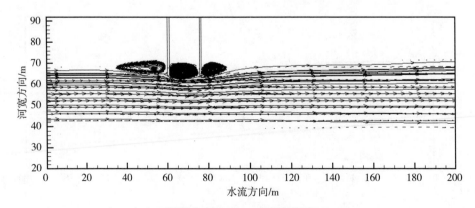

（a）丁坝阻水率为0.22、丁坝间距为15.26 m

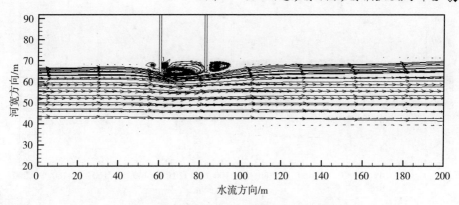

（b）丁坝阻水率为0.22、丁坝间距为22.89 m

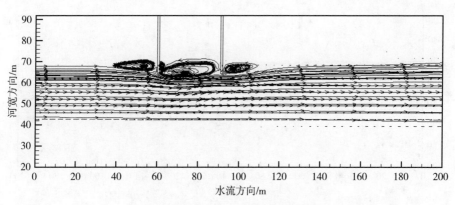

（c）丁坝阻水率为0.22、丁坝间距为30.52 m

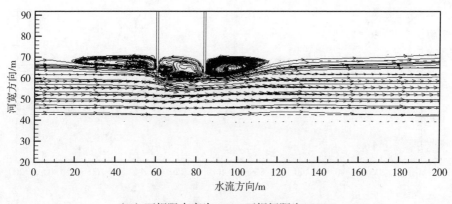

（d）丁坝阻水率为0.32、丁坝间距为22.86 m

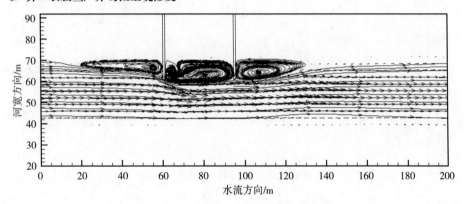

（e）丁坝阻水率为0.32、丁坝间距为34.29 m

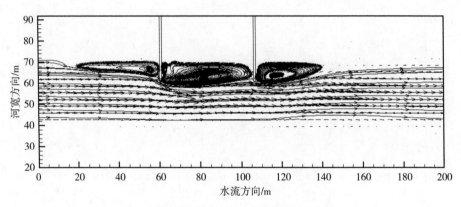

（f）丁坝阻水率为0.32、丁坝间距为45.72 m

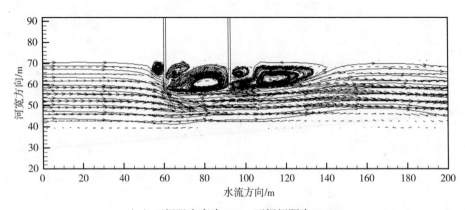

（g）丁坝阻水率为0.42、丁坝间距为31.52 m

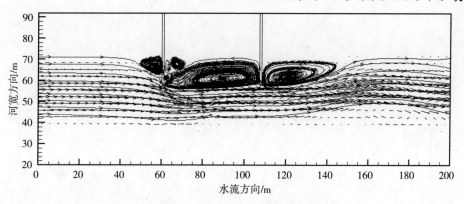

（h）丁坝阻水率为0.42、丁坝间距为47.28 m

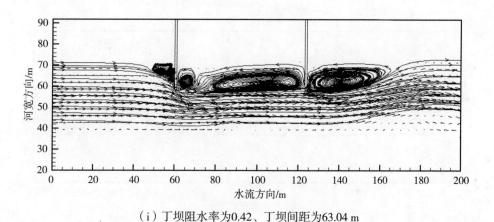

（i）丁坝阻水率为0.42、丁坝间距为63.04 m

附图1-10 流量为37.40 m³/s修复后产卵场流场分布

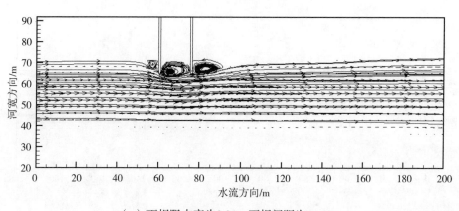

（a）丁坝阻水率为0.21、丁坝间距为15.08 m

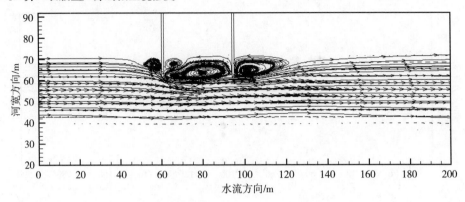

（b）丁坝阻水率为0.21、丁坝间距为22.62 m

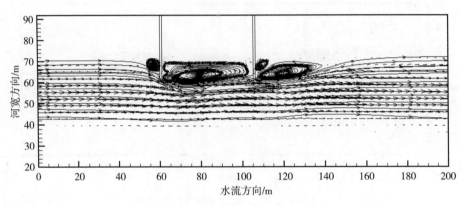

（c）丁坝阻水率为0.21、丁坝间距为30.16 m

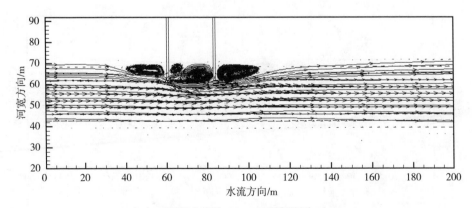

（d）丁坝阻水率为0.31、丁坝间距为22.62 m

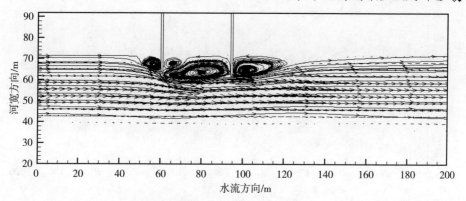

（e）丁坝阻水率为0.31、丁坝间距为33.93 m

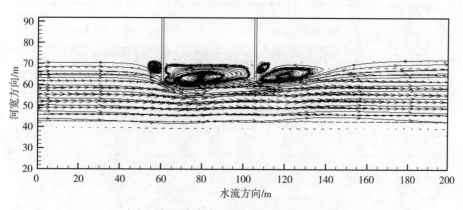

（f）丁坝阻水率为0.31、丁坝间距为45.24 m

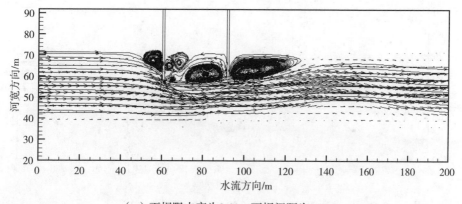

（g）丁坝阻水率为0.41、丁坝间距为31.26 m

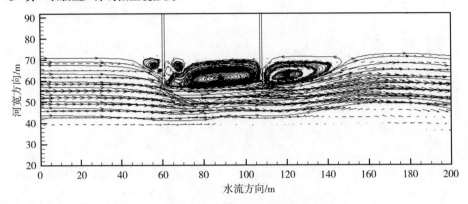

（h）丁坝阻水率为0.41、丁坝间距为46.89 m

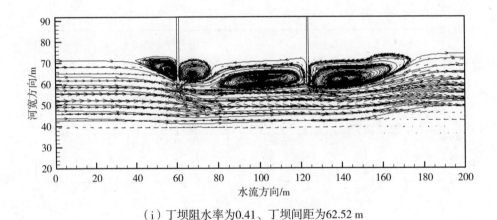

（i）丁坝阻水率为0.41、丁坝间距为62.52 m

附图1-11　流量为42.07 m³/s修复后产卵场流场分布

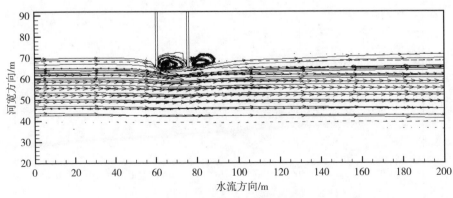

（a）丁坝阻水率为0.20、丁坝间距为14.82 m

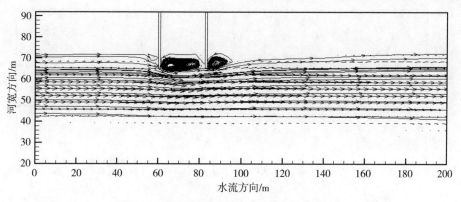

（b）丁坝阻水率为0.20、丁坝间距为22.23 m

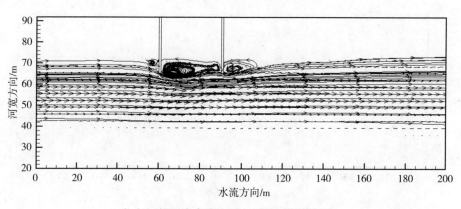

（c）丁坝阻水率为0.20、丁坝间距为29.64 m

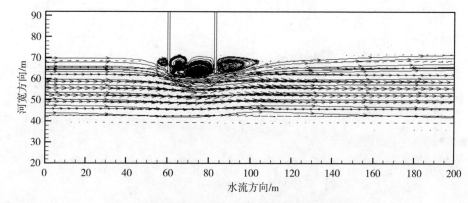

（d）丁坝阻水率为0.30、丁坝间距为22.30 m

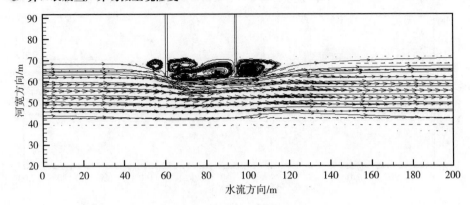

（e）丁坝阻水率为0.30、丁坝间距为33.45 m

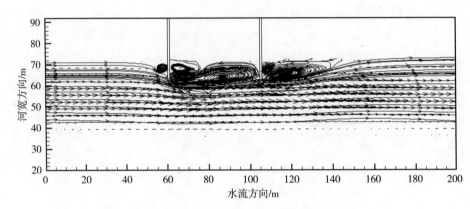

（f）丁坝阻水率为0.30、丁坝间距为44.60 m

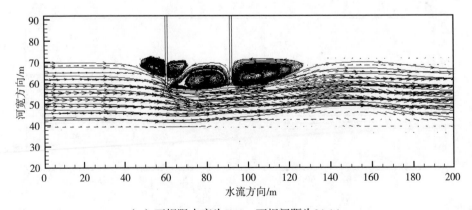

（g）丁坝阻水率为0.40、丁坝间距为31.14 m

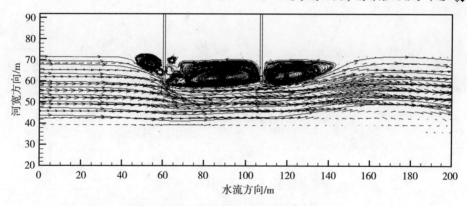

（h）丁坝阻水率为0.40、丁坝间距为46.71 m

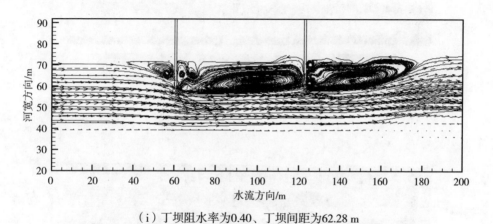

（i）丁坝阻水率为0.40、丁坝间距为62.28 m

附图1-12 流量为46.75 m³/s修复后产卵场流场分布

附录二 概化河道修复河段修复后 S_{SAM} 分布图

单丁坝修复后 S_{SAM} 分布如附图2-1至附图2-5所示。

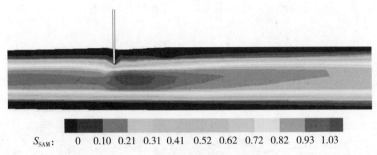

（a）丁坝阻水率为0.24

（b）丁坝阻水率为0.34

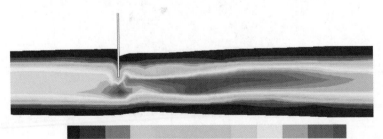

（c）丁坝阻水率为0.44

附图2-1　流量为28.04 m³/s修复后产卵场 S_{SAM} 分布

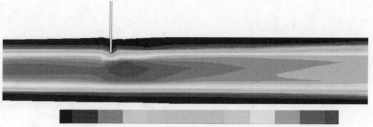

S_{SAM}:　0　0.11　0.21　0.32　0.42　0.53　0.64　0.74　0.85　0.95　1.06

（a）丁坝阻水率为0.23

S_{SAM}:　0　0.11　0.21　0.32　0.42　0.53　0.64　0.74　0.85　0.95　1.06

（b）丁坝阻水率为0.33

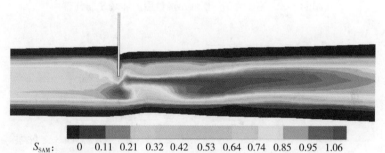

S_{SAM}:　0　0.11　0.21　0.32　0.42　0.53　0.64　0.74　0.85　0.95　1.06

（c）丁坝阻水率为0.43

附图2-2　流量为32.72 m³/s修复后产卵场 S_{SAM} 分布

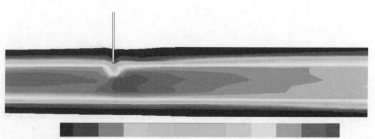

S_{SAM}:　0　0.11　0.21　0.32　0.43　0.54　0.64　0.75　0.86　0.96　1.07

（a）丁坝阻水率为0.22

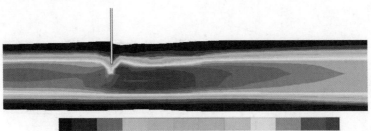

S_{SAM}:　0　0.11　0.21　0.32　0.43　0.54　0.64　0.75　0.86　0.96　1.07

（b）丁坝阻水率为0.32

S_{SAM}:　0　0.11　0.21　0.32　0.43　0.54　0.64　0.75　0.86　0.96　1.07

（c）丁坝阻水率为0.42

附图2-3　流量为37.40 m³/s修复后产卵场S_{SAM}分布

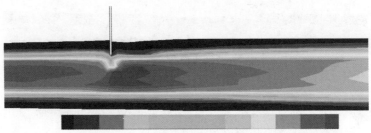

S_{SAM}:　0　0.11　0.22　0.32　0.43　0.54　0.65　0.76　0.86　0.97　1.08

（a）丁坝阻水率为0.21

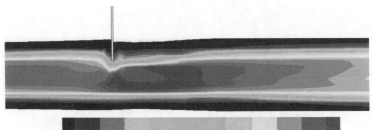

S_{SAM}:　0　0.11　0.22　0.32　0.43　0.54　0.65　0.76　0.86　0.97　1.08

（b）丁坝阻水率为0.31

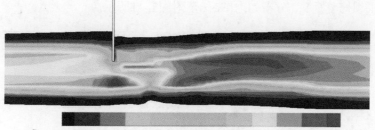

S_{SAM}:　0　0.11　0.22　0.32　0.43　0.54　0.65　0.76　0.86　0.97　1.08

（c）丁坝阻水率为0.41

附图2-4　流量为42.07 m³/s修复后产卵场 S_{SAM} 分布

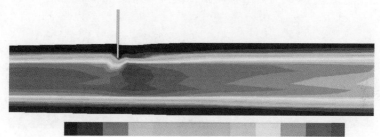

S_{SAM}:　0　0.11　0.22　0.33　0.44　0.55　0.65　0.76　0.87　0.98　1.09

（a）丁坝阻水率为0.20

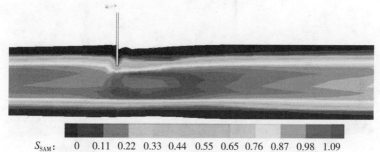

S_{SAM}:　0　0.11　0.22　0.33　0.44　0.55　0.65　0.76　0.87　0.98　1.09

（b）丁坝阻水率为0.30

S_{SAM}:　0　0.11　0.22　0.33　0.44　0.55　0.65　0.76　0.87　0.98　1.09

（c）丁坝阻水率为0.40

附图2-5　流量为46.75 m³/s修复后产卵场 S_{SAM} 分布

双丁坝修复后S_{SAM}分布如附图2-6至附图2-11所示。

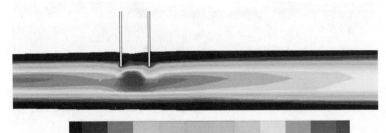

S_{SAM}: 0 0.10 0.20 0.30 0.40 0.51 0.61 0.71 0.81 0.91 1.01

（a）丁坝阻水率为0.25、丁坝间距为14.94 m

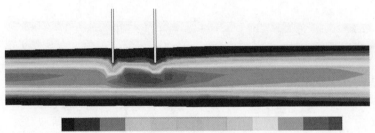

S_{SAM}: 0 0.10 0.20 0.30 0.40 0.51 0.61 0.71 0.81 0.91 1.01

（b）丁坝阻水率为0.25、丁坝间距为22.41 m

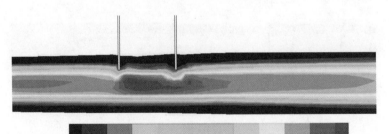

S_{SAM}: 0 0.10 0.20 0.30 0.40 0.51 0.61 0.71 0.81 0.91 1.01

（c）丁坝阻水率为0.25、丁坝间距为29.88 m

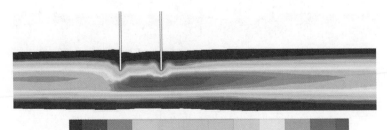

S_{SAM}: 0 0.10 0.20 0.30 0.40 0.51 0.61 0.71 0.81 0.91 1.01

（d）丁坝阻水率为0.35、丁坝间距为21.56 m

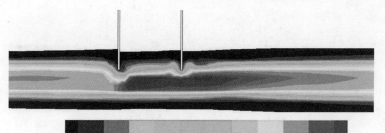

S_{SAM}：　0　0.10　0.20　0.30　0.40　0.51　0.61　0.71　0.81　0.91　1.01

（e）丁坝阻水率为0.35、丁坝间距为32.34 m

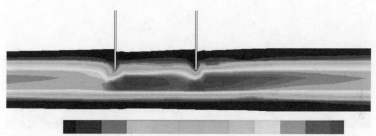

S_{SAM}：　0　0.10　0.20　0.30　0.40　0.51　0.61　0.71　0.81　0.91　1.01

（f）丁坝阻水率为0.35、丁坝间距为43.12 m

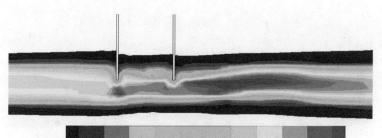

S_{SAM}：　0　0.10　0.20　0.30　0.40　0.51　0.61　0.71　0.81　0.91　1.01

（g）丁坝阻水率为0.45、丁坝间距为29.92 m

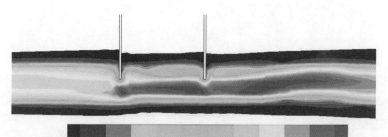

S_{SAM}：　0　0.10　0.20　0.30　0.40　0.51　0.61　0.71　0.81　0.91　1.01

（h）丁坝阻水率为0.45、丁坝间距为44.88 m

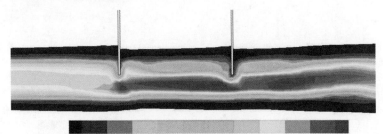

S_{SAM}： 　0　0.10　0.20　0.30　0.40　0.51　0.61　0.71　0.81　0.91　1.01

（i）丁坝阻水率为0.45、丁坝间距为59.84 m

附图2-6　流量为23.36 m³/s修复后产卵场S_{SAM}分布

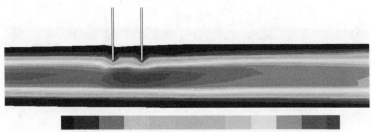

S_{SAM}： 　0　0.10　0.21　0.31　0.41　0.52　0.62　0.72　0.82　0.93　1.03

（a）丁坝阻水率为0.24、丁坝间距为15.28 m

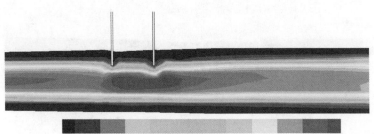

S_{SAM}： 　0　0.10　0.21　0.31　0.41　0.52　0.62　0.72　0.82　0.93　1.03

（b）丁坝阻水率为0.24、丁坝间距为22.92 m

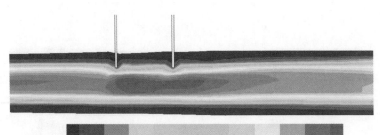

S_{SAM}： 　0　0.10　0.21　0.31　0.41　0.52　0.62　0.72　0.82　0.93　1.03

（c）丁坝阻水率为0.24、丁坝间距为30.56 m

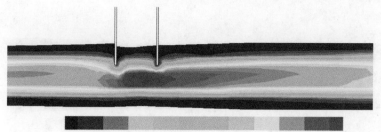

S_{SAM}： 0　0.10　0.21　0.31　0.41　0.52　0.62　0.72　0.82　0.93　1.03

（d）丁坝阻水率为0.34、丁坝间距为22.18 m

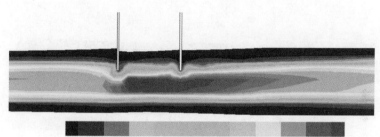

S_{SAM}： 0　0.10　0.21　0.31　0.41　0.52　0.62　0.72　0.82　0.93　1.03

（e）丁坝阻水率为0.34、丁坝间距为33.27 m

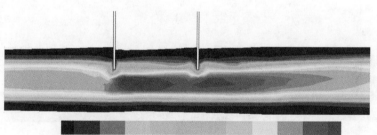

S_{SAM}： 0　0.10　0.21　0.31　0.41　0.52　0.62　0.72　0.82　0.93　1.03

（f）丁坝阻水率为0.34、丁坝间距为44.36 m

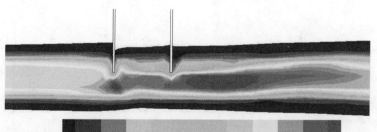

S_{SAM}： 0　0.10　0.21　0.31　0.41　0.52　0.62　0.72　0.82　0.93　1.03

（g）丁坝阻水率为0.44、丁坝间距为30.46 m

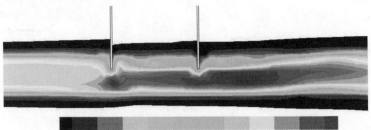

S_{SAM}： 0 0.10 0.21 0.31 0.41 0.52 0.62 0.72 0.82 0.93 1.03

（h）丁坝阻水率为0.44、丁坝间距为45.69 m

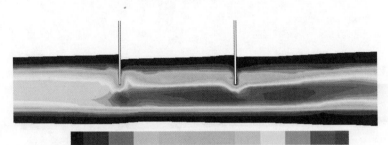

S_{SAM}： 0 0.10 0.21 0.31 0.41 0.52 0.62 0.72 0.82 0.93 1.03

（i）丁坝阻水率为0.44、丁坝间距为60.92 m

附图2-7　流量为28.04 m³/s修复后产卵场S_{SAM}分布

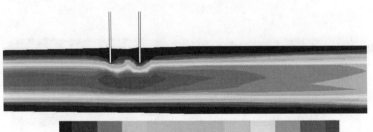

S_{SAM}： 0 0.11 0.21 0.32 0.42 0.53 0.64 0.74 0.85 0.95 1.06

（a）丁坝阻水率为0.23、丁坝间距为15.46 m

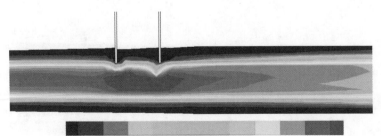

S_{SAM}： 0 0.11 0.21 0.32 0.42 0.53 0.64 0.74 0.85 0.95 1.06

（b）丁坝阻水率为0.23、丁坝间距为23.19 m

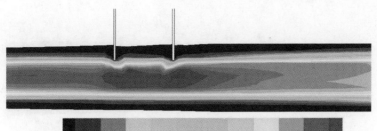

S_{SAM}:　0　0.11　0.21　0.32　0.42　0.53　0.64　0.74　0.85　0.95　1.06

（c）丁坝阻水率为0.23、丁坝间距为30.92 m

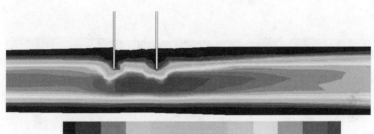

S_{SAM}:　0　0.11　0.21　0.32　0.42　0.53　0.64　0.74　0.85　0.95　1.06

（d）丁坝阻水率为0.33、丁坝间距为22.58 m

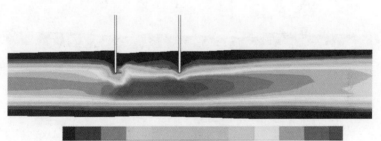

S_{SAM}:　0　0.11　0.21　0.32　0.42　0.53　0.64　0.74　0.85　0.95　1.06

（e）丁坝阻水率为0.33、丁坝间距为33.87 m

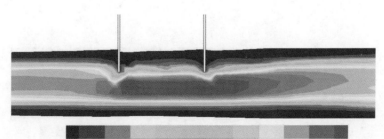

S_{SAM}:　0　0.11　0.21　0.32　0.42　0.53　0.64　0.74　0.85　0.95　1.06

（f）丁坝阻水率为0.33、丁坝间距为45.16 m

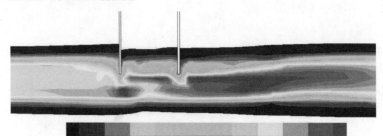

S_{SAM}:　0　0.11　0.21　0.32　0.42　0.53　0.64　0.74　0.85　0.95　1.06

（g）丁坝阻水率为0.43、丁坝间距为31.04 m

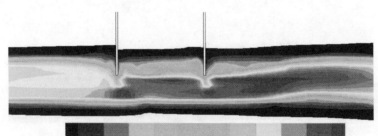

S_{SAM}:　0　0.11　0.21　0.32　0.42　0.53　0.64　0.74　0.85　0.95　1.06

（h）丁坝阻水率为0.43、丁坝间距为46.56 m

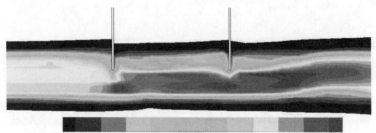

S_{SAM}:　0　0.11　0.21　0.32　0.42　0.53　0.64　0.74　0.85　0.95　1.06

（i）丁坝阻水率为0.43、丁坝间距为62.08 m

附图2-8　流量为32.72 m³/s修复后产卵场S_{SAM}分布

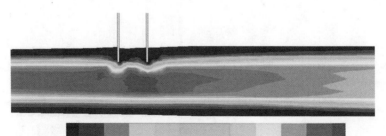

S_{SAM}:　0　0.11　0.21　0.32　0.43　0.54　0.64　0.75　0.86　0.96　1.07

（a）丁坝阻水率为0.22、丁坝间距为15.26 m

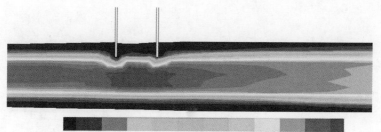

S_{SAM}: 0 0.11 0.21 0.32 0.43 0.54 0.64 0.75 0.86 0.96 1.07

（b）丁坝阻水率为0.22、丁坝间距为22.89 m

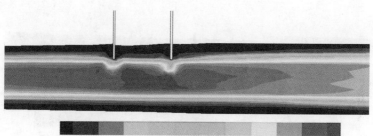

S_{SAM}: 0 0.11 0.21 0.32 0.43 0.54 0.64 0.75 0.86 0.96 1.07

（c）丁坝阻水率为0.22、丁坝间距为30.52 m

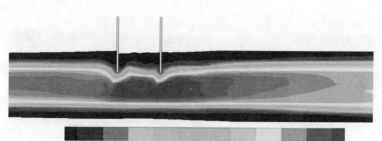

S_{SAM}: 0 0.11 0.21 0.32 0.43 0.54 0.64 0.75 0.86 0.96 1.07

（d）丁坝阻水率为0.32、丁坝间距为22.86 m

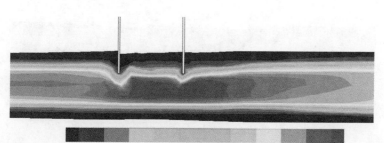

S_{SAM}: 0 0.11 0.21 0.32 0.43 0.54 0.64 0.75 0.86 0.96 1.07

（e）丁坝阻水率为0.32、丁坝间距为34.29 m

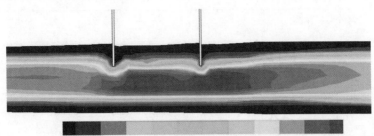

S_{SAM}：　0　0.11　0.21　0.32　0.43　0.54　0.64　0.75　0.86　0.96　1.07

（f）丁坝阻水率为0.32、丁坝间距为45.72 m

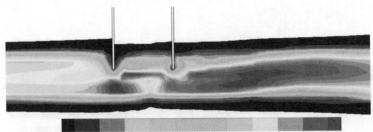

S_{SAM}：　0　0.11　0.21　0.32　0.43　0.54　0.64　0.75　0.86　0.96　1.07

（g）丁坝阻水率为0.42、丁坝间距为31.52 m

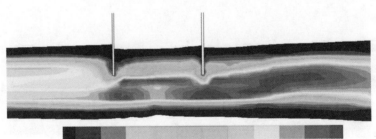

S_{SAM}：　0　0.11　0.21　0.32　0.43　0.54　0.64　0.75　0.86　0.96　1.07

（h）丁坝阻水率为0.42、丁坝间距为47.28 m

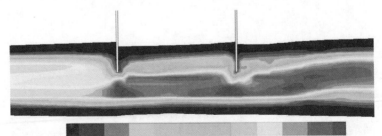

S_{SAM}：　0　0.11　0.21　0.32　0.43　0.54　0.64　0.75　0.86　0.96　1.07

（i）丁坝阻水率为0.42、丁坝间距为63.04 m

附图2-9　流量为37.40 m³/s修复后产卵场S_{SAM}分布

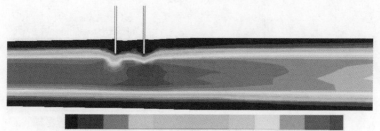

S_{SAM}:　0　0.11　0.22　0.32　0.43　0.54　0.65　0.76　0.86　0.97　1.08

（a）丁坝阻水率为0.21、丁坝间距为15.08 m

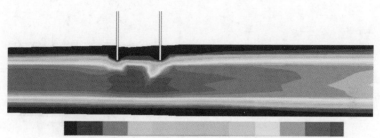

S_{SAM}:　0　0.11　0.22　0.32　0.43　0.54　0.65　0.76　0.86　0.97　1.08

（b）丁坝阻水率为0.21、丁坝间距为22.62 m

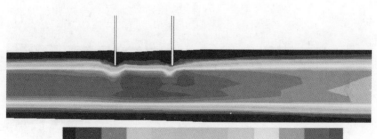

S_{SAM}:　0　0.11　0.22　0.32　0.43　0.54　0.65　0.76　0.86　0.97　1.08

（c）丁坝阻水率为0.21、丁坝间距为30.16 m

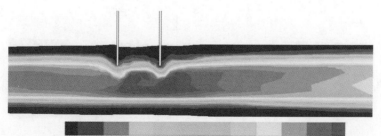

S_{SAM}:　0　0.11　0.22　0.32　0.43　0.54　0.65　0.76　0.86　0.97　1.08

（d）丁坝阻水率为0.31、丁坝间距为22.62 m

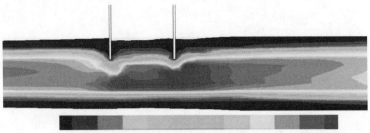

S_{SAM}：　0　0.11　0.22　0.32　0.43　0.54　0.65　0.76　0.86　0.97　1.08

（e）丁坝阻水率为0.31、丁坝间距为33.93 m

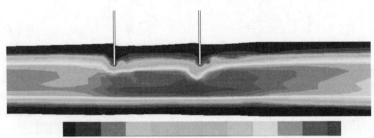

S_{SAM}：　0　0.11　0.22　0.32　0.43　0.54　0.65　0.76　0.86　0.97　1.08

（f）丁坝阻水率为0.31、丁坝间距为45.24 m

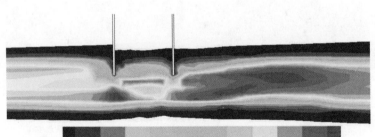

S_{SAM}：　0　0.11　0.22　0.32　0.43　0.54　0.65　0.76　0.86　0.97　1.08

（g）丁坝阻水率为0.41、丁坝间距为31.26 m

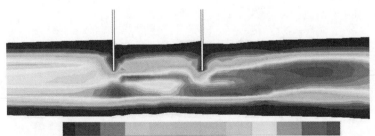

S_{SAM}：　0　0.11　0.22　0.32　0.43　0.54　0.65　0.76　0.86　0.97　1.08

（h）丁坝阻水率为0.41、丁坝间距为46.89 m

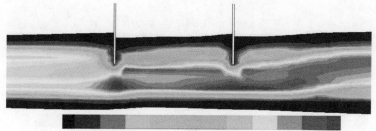

S_{SAM}:　0　0.11　0.22　0.32　0.43　0.54　0.65　0.76　0.86　0.97　1.08

（i）丁坝阻水率为0.41、丁坝间距为62.52 m

附图2-10　流量为42.07 m³/s修复后产卵场 S_{SAM} 分布

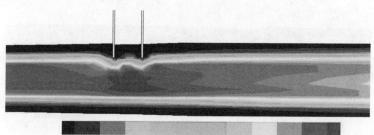

S_{SAM}:　0　0.11　0.22　0.33　0.44　0.55　0.65　0.76　0.87　0.98　1.09

（a）丁坝阻水率为0.20、丁坝间距为14.82 m

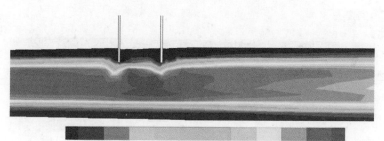

S_{SAM}:　0　0.11　0.22　0.33　0.44　0.55　0.65　0.76　0.87　0.98　1.09

（b）丁坝阻水率为0.20、丁坝间距为22.23 m

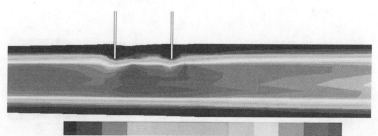

S_{SAM}:　0　0.11　0.22　0.33　0.44　0.55　0.65　0.76　0.87　0.98　1.09

（c）丁坝阻水率为0.20、丁坝间距为29.64 m

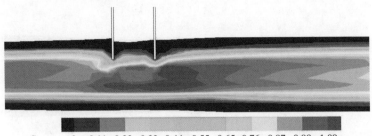

S_{SAM}： 0　0.11　0.22　0.33　0.44　0.55　0.65　0.76　0.87　0.98　1.09

（d）丁坝阻水率为0.30、丁坝间距为22.30 m

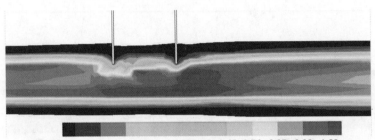

S_{SAM}： 0　0.11　0.22　0.33　0.44　0.55　0.65　0.76　0.87　0.98　1.09

（e）丁坝阻水率为0.30、丁坝间距为33.45 m

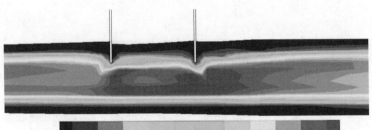

S_{SAM}： 0　0.11　0.22　0.33　0.44　0.55　0.65　0.76　0.87　0.98　1.09

（f）丁坝阻水率为0.30、丁坝间距为44.60 m

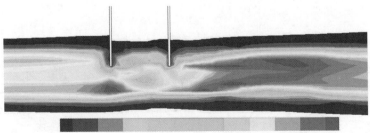

S_{SAM}： 0　0.11　0.22　0.33　0.44　0.55　0.65　0.76　0.87　0.98　1.09

（g）丁坝阻水率为0.40、丁坝间距为31.14 m

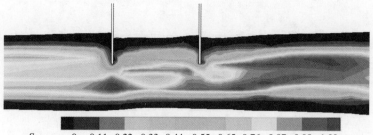

S_{SAM}：　0　0.11　0.22　0.33　0.44　0.55　0.65　0.76　0.87　0.98　1.09

（h）丁坝阻水率为0.40、丁坝间距为46.71 m

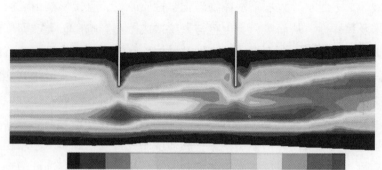

S_{SAM}：　0　0.11　0.22　0.33　0.44　0.55　0.65　0.76　0.87　0.98　1.09

（i）丁坝阻水率为0.40、丁坝间距为62.28 m

附图2-11　流量为46.75 m³/s修复后产卵场 S_{SAM} 分布

后 记

坝体阻隔或阻断了鱼类的洄游通道，水文情势的变化导致大量鱼类栖息地遭到破坏，下泄水导致坝下水体物理化学性质改变，直接影响山区河流鱼类群落结构及多样性，从而对鱼类生存与繁殖造成严重影响。鱼类产卵场的修复方式有折流板、丁坝、倒木等；但丁坝与其他修复方式相比，具有独特优势，如抗冲刷侵蚀能力强、束窄河道、增加流速、塑造微生境等，这是其他生态修复措施所不及的。本书基于概化河道的数值模拟，将研究分成两部分，一部分是产卵场适宜面积研究，另一部分是产卵场相似度研究。适宜面积研究可以得到单双丁坝适宜面积的评估模型函数；相似度研究可以得到单双丁坝相似度评估模型函数。最终得到产卵微生境修复效果评估模型。为了验证此模型的正确性，将其应用于姜射坝河段，同时对此模型进行验证。

丁坝修复度是对丁坝的产卵场修复能力的定义，是指产卵场由某种原因导致河流不再适合鱼类产卵后，利用丁坝手段所能达到的修复程度。评估利用丁坝修复鱼类产卵场能否达到预期目标，如果能，在修复后能达到的修复程度如何？如何界定？是十分现实的问题。适宜面积仅从空间几何形态来描述修复后产卵场的效果，但这并不科学。既然是水力微生境修复，还应该把修复后水体的运动学及动力学指标考虑进去。因此，本书对修复后的概化河道水体的运动学及动力学进行了相似度分析。鉴于Vague集在决策分析、模糊推理、聚类分析、模式识别等领域的广泛运用，引入了基于Vague集的产卵场水力微生境相似度量模型。该模型以齐口裂腹鱼产卵场水力微生境指标体系中的各指标为参数，通过计算修复后产卵场与天然产卵场的相似度，来评估修复方案的修复效果，为修复其他鱼类产卵场提供参考。

本书编撰过程中，李嘉教授、李克锋教授、李然教授、邓云教授、李永教授提出了建设性意见和建议，特别是李嘉教授给予了无私的支持与帮助，在此表示衷心感谢。感谢何晓佳、王锐、谭升魁、周磊、李春玲、严忠銮、李楠等同门的帮助。由于作者本人认知水平、写作能力及逻辑思维方面的局限性，本书可能存在诸多不足，恳请各位专家、学者与各界朋友批评与指正。